Mumeixxx

MUMEI 1st STYLE BOOK

? ABOUT MUMEI

MUMEI *Profile*

むめいってこんな子!

むめいのとりせつ

SNSで人気者になったむめい。
まずは、「むめい」って子をダイジェストで紹介!

SNS
instagram
フォロワー 50.7万人

SNS
TikTok
フォロワー 410万人

SNS
X
フォロワー 15.8万人

SNS
YouTube
フォロワー 52.5万人

総フォロワー数 529万人!!

※ 2024 年 1 月時点。

❷PROFILE

生年月日／2004年8月20日
血液型／O型
出身地／滋賀県彦根市
「むめい」という名前の由来／本名で活動したくなかったから名前がない……ななし……むめい……「むめい」でいいか、となった
座右の銘／人事を尽くして天命を待つ
特技／妄想、アレンジ、挑戦
趣味／ベース、ゴルフ、ショッピング、ユニバに行く事、匂いを嗅ぐ事、コスプレ
短所／優柔不断、暗記が苦手、人付き合いが苦手
長所／負けず嫌い、こだわりがある、集中力がある

❸BODY

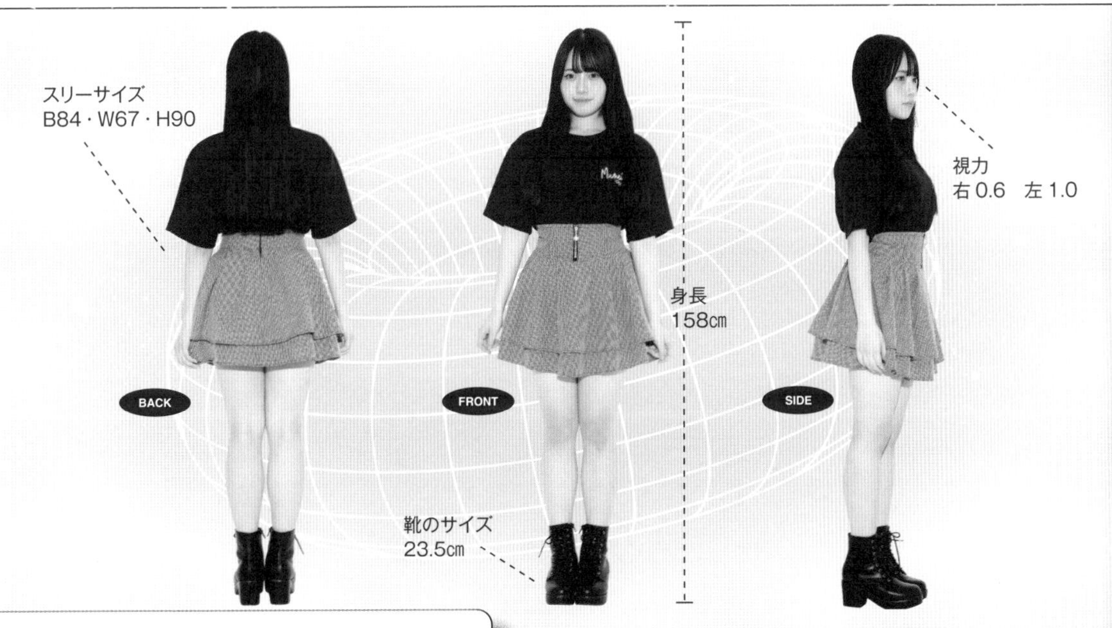

❹LIKE

色…白、黒、グレー、水色、青
お花…金木犀
季節…秋と春
天気…晴れ一択
乗り物…車（乗り物酔いする）
食べ物…生ハム、チーズ、アボカド
チョコクランチ、カプレーゼ、オムライス
ポテチの味…関西だししょうゆ
寿司のネタ…えび（アレルギー対象）、いか、かに
真鯛、ねぎまぐろ
おにぎりの具…おばあちゃんが作った具無しのおにぎり
動物…狼
数字…1
漫画…『ソードアート・オンライン（SAO）』

❺SECRET

一番言われてうれしい言葉：「頑張ったね」
一番言われて傷つく言葉：誤解からなげられた言葉
カラオケでよく歌う曲：Ado、YOASOBI、Mrs. GREEN APPLE、ボカロ曲
ユニバで一番好きなアトラクション：スペース・ファンタジー・ザ・ライド、ジョーズ
この世の中で一番怖いもの：人間
絶対食べられないもの：鮒ずし
一番の宝物：お手紙
今、一番欲しいもの：時間
10年後は何してる?：自分のお店を開いてる
将来の夢：ユニバに居住
生まれ変わったら何になりたい：プレーリードッグ
口癖：「たしかに」「くさ」
自分のコンプレックス：記憶力がない

CONTENTS

私のスタイルブック
『みれいです。』を作りました。
どのページにも、
素のみれいがいっぱい詰まってます。
ぜひツッコミながら、
見てほしいです。

地元で密着！

「素」のむめいに会いにいく。

むめいを探しに。in 滋賀

SHIGA

「滋賀といえば、やっぱり琵琶湖！
夏になると、海水浴場じゃなくて琵琶湖で泳ぐよ！」
と、うれしそうに（ちょっと得意げに）話すむめい。
むめいの"素"をつくって、"成長"を見守って、
そして"今"生きている場所で
画面越しともステージの上とも違う
ある意味、完全無防備な素顔に接近！

スノボにハマってた中学生時代に
遊びに来てたよ。
雪がないのは、はじめて見た！

MUMEI'S SPOT

LAKE

@びわ湖バレイ

ロープウェイに乗って標高 1,100m の山頂へ。琵琶湖を北から南まで一望できる！ウィンターシーズンは、スキーやスノボが楽しめる場所。「スノボにハマってた中学生時代に遊びに来てた。板は自分のものを持っていて、色は真っ白!　色で決めた感じ。いつも冬に来てたので、雪がないのはじめてだし、リフトが止まってるのもはじめて見た。スノボの腕ですか?　うーん……全然（笑）」

MUMEI'S SPOT

PARK

@春日山公園

思わず「なつかしー!」。小学生のときにやっていた少年野球の練習試合でよく来ていた公園。「ホームランも何回か打ったことがあるよ。少年野球は弟がはじめたのを見て、私もはじめてみたい！ってお母さんに言ってスタート。チームで女の子は私だけ。でも弟には負けたくないって気持ちがずっとあった。ちなみに運動神経はよくなかったし、足も遅かったです（笑）」

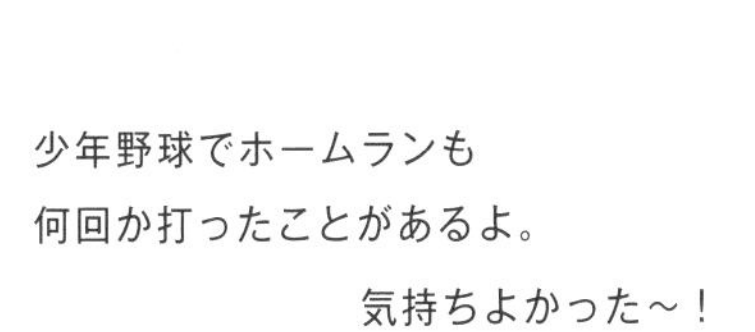

少年野球でホームランも
何回か打ったことがあるよ。
気持ちよかった～！

MUMEI'S SPOT

SCHOOL

@大津市立真野小学校

正真正銘の母校。「好きな教科は音楽と、給食（笑）。ローマ字のマカロニが入ってる『ABC スープ』っていうのがあって、それがおいしかったな。自分の名前を取り出して一生食べないみたいな。嫌いなのは算数。分度器をいつも忘れて先生に怒られてたから。あとは習字。洗うのを忘れてカピカピになった筆を急いで授業までにほぐすのはあるある（笑）」。休み時間はドッジボールしまくりの活発な小学生時代。

いつもニーハイはいて
給食とドッジボールが大好きな
女の子やった。

パスタの残りのスープでリゾット！
シェアしないで
ひとりで食べる（笑）。

MUMEI'S SPOT
RESTAURANT

@小皿料理のイタリアンバル COZARA

「パスタが本当においしい！ お気に入りはカルボナーラとアラビアータだけど、今日はアラビアータの気分」とむめい絶賛のイタリアンバル。「一番最初は中学校の卒業祝いで連れてきてもらった。行くと店長さんが『チャオ!』と話しかけてくれるのがおもろい（笑）。アットホームで居心地がいいの」。（くわしくはP20を見てね）

高校の体育祭は紫団の副団長。
みんなで紫のTシャツ着て
青春だったなー。

MUMEI'S SPOT

SPORTS PARK

@皇子山総合運動公園

青春の思い出といえばココ！ 高校の体育祭が行われた競技場。「私は紫団で、実は副団長もしてたんだよね。オリジナルのTシャツを用意して、青春だったな～。ダンスは『うまぴょい伝説』で踊ったよ。今は忘れてる部分もある……なんやったっけ（笑）」。ココで撮影した『橋本環奈さんの奇跡の1枚を真似した写真』とダンスの写真をインスタにあげたら、一気にバズった、運命の場所でもある。

リラックスしすぎて
“むめい”なのか、自分なのかわからんくなってきた(笑)。

母校で現役小学生に囲まれたり
琵琶湖の浜がずいぶん変わってたのに驚いたり。
今日は、ひさしぶりに訪れた場所も多くて
楽しかったな。
地元は、田舎すぎず、都会すぎずのところが好き。
将来は、琵琶湖の真ん中にお城をつくるのが夢。
外国のお城みたいな(笑)。
そこに、むめいの銅像をたてて
滋賀県に新しい名所をつくりたい!

今回！ なんと！ 特別に！
私の地元の行きつけグルメを
紹介しちゃうよ〜！！
本当によく行くお店たちなので、
聖地巡礼として行ってみてくださいな♡

Mumei Presents Shiga Love Gourmet

記念にパシャリ

P15で行ったお店だよ

1

店長さんのキャラも最高！
アットホームなイタリアン

小皿料理のイタリアンバル COZARA

店長の巨匠さん！
(料理上手だから巨匠って呼ばれてるよ)

ガチうまアラビアータ

「絶対に食べてほしいのがつゆだくパスタ。スープパスタなんやけど、麺を食べ終わったあとにつくってもらえるリゾットが絶品！おいしすぎて、ひとりでぺろっと食べきれちゃうよ。おしゃべりな店長さんにも注目（笑）。」

OUT

FUNAZUSHI

SHOP DATA
大津市今堅田 2-26-1
ジュネス堅田 E 号室
Instagram:@itarianbar_cozara

食べ終わったら
リゾットに!

また食べたくなるピリ辛味。／つゆだくアラビアータ

ゴクゴク飲んじゃう!
／ノンアルコールカクテル マンゴー×オレンジ

タンしか勝たん♡

2

家族で焼肉に行くならココ!
おいし〜近江牛を堪能して♡

近江牛酒場 熱男 瀬田店

私の大好物です♡ 焼肉に行く時は 8 割はタンを食べてる（笑）。
／上塩タン

I ♡ ユッケ

あっさりしてて食べやすい！／近江牛特上ユッケ

迷ったらこれ! お店の看板メニュー。／瀬田の晩餐盛り

「塩タンの味が濃くておすすめ!　お肉が新鮮で、どれを頼んでもさっぱり食べられるんだよね〜って言うても、焼肉店に来たらタンばっかり食べるむめいです（笑）。家族全員食べたいものが違うからバラバラに焼いてる（笑）。」

SHOP DATA
大津市大萱 1-13-6-1F
Instagram:@atsuo_seta

iga Love Gourmet

地元の行きつけ教えるよ！

おいしすぎッッ

『推し』

ここでしか食べられない味
創作お肉料理を召し上がれ！

3 肉処 牛慎

「締めにぴったりのお茶漬けは、なんとお肉がのってるの！とろけちゃいそうなお肉をお出汁と一緒に♡　ほっとするお味です。お肉メインのお店やのに、サイドメニューもおいしくって、タワーになったカプレーゼは注文必須（笑）。」

お出汁がうまーい♡

お出汁は牛骨からとってるんやって！／お肉の茶漬け

大きな１枚肉を頬張る瞬間が幸せ。／炙りユッケ

タワーを崩さないようにそ〜っとね。／トマトとモッツァレラのカプレーゼ

ドーン

SHOP DATA
大津市今堅田 2-26-1
ジュネス堅田 H 号室
Instagram:@gyushin_niku

いつかはここでお酒も♡
鶏肉にこだわった居酒屋さん

4 大海

おなかすいた〜

「居酒屋さんだけど、まだお酒は飲めないのでコーラがお決まり!! 冷凍庫で冷やしたジョッキで飲むコーラは最高……。ささみのお造りは生姜と玉ねぎを包んでいただきます♡　ひとりで一皿ペロリと食べられちゃうおいしさ！」

にんにくが効いたシンプルなお味。／鶏ユッケ

冬でも冷えたジョッキで出してもらうの！／コーラ

キンッキンッ！

キュッと引き締まったお肉が美味♡／ささみのお造り

SHOP DATA
大津市本堅田 5-17-19
077-573-7188

Mum… …esents S

SNSでいつもみなさんにお見せしているほう「じゃない」
ガチな私服をおひろめー！
アイテム選びにはめっちゃこだわりがあるけど
行く場所によっても、気分によっても、その日に会う友だちによっても、
コーデをいろいろ変えるのがむめい流♡
エピソード満載で、ひとりファッションショーはじめるよ！

むめいのしふくに欠かせない「基本アイテム」をお見せします！

たくさんの洋服を揃えるというよりは、
自分に似合う「基本」があって、それがここに並んでる６つのアイテム。
一見ノーマルに見えるけど、実は、形とかデザインとか、色とか
細か〜いこだわりがめっちゃある。例えば、夏でも足元は７cmの黒ブーツとか、
スウェットは毎回試着しなくてもいいように一番大きいサイズを選ぶとかetc.…。
それを「むめい的な着こなしルール」で着こなすよ！

「ふだんのむめい」はこの６つのアイテムでできてる！

Mumei's Fashion

気になるおなかもおしりも隠れるくらいの

ゆるっとスウェット

ジモトの滋賀にいるときは、毎日スウェット！ってくらい愛用してるよ。
手がちょこっと隠れて「萌え袖」っぽくも着られて、
食べすぎてもおなかぽっこりがバレない「おなかとおしりが隠れる」
一番大きいサイズを選ぶ。だって、試着しなくても大丈夫でしょ（笑）。

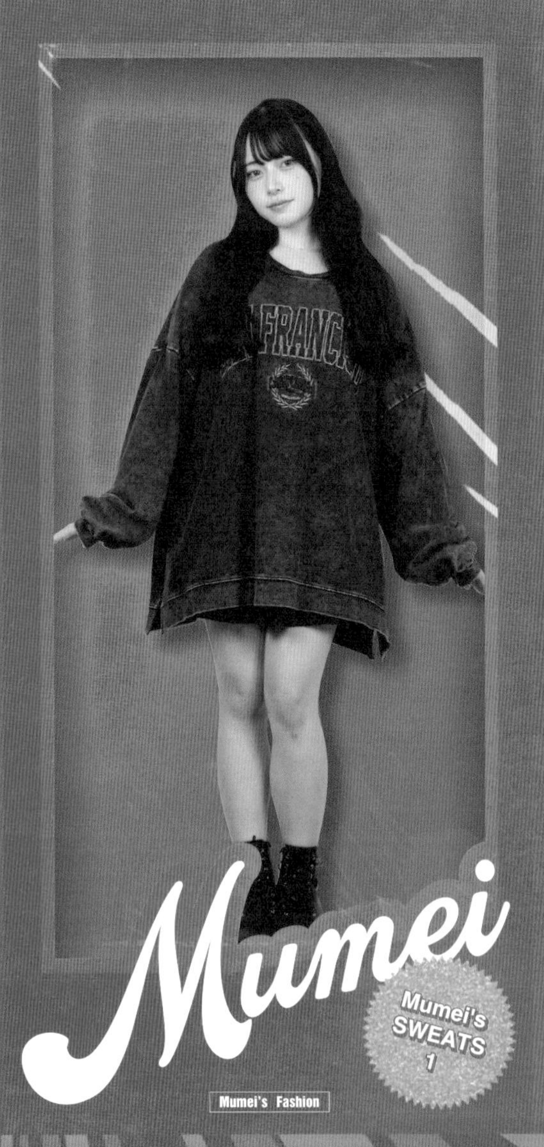

Mumei's Fashion ①

むめいにはめずらしい色物はみんなと会うイベント用！

イベントの日は、衣装チェンジの回数も多いから着替えやすさ重視でスウェットパーカ。白黒の服が大半を占めているから、マスタードイエローは異色！ 着るだけでテンション上がる。基本、朝は弱いけど、graniph の BEAUTIFUL SHADOW のスウェットのおかげで上機嫌♡

動きやすいスウェットで友だちとユニバに行くぞ！

友だちとよく遊びに行くユニバ。1日中遊んで、チュロスもたくさん食べるから、ゆったりしたサイズのスウェットがマスト。友だちと一緒にかぶりものもつけたいから、邪魔しないロゴデザインで。パンツが見えないように、ちゃんと「キュロット」もはいてます（笑）。

Mumei's Fashion

脱運動！「あえて」むめい流に着るよ

スポーツちっく

かわいい服も好きやけど、タンスのなかで一番多いのは、スポーツっぽい服やった！
ラインが入ったり、ロゴ入りだったり、めっちゃ収集してた(笑)。どストレートにスポーティに着ないで、
制服風にアレンジしたり、大人っぽく着るのが、むめい流ってやつかな。

TOPS 4

むめい的制服コーデはブルゾン合わせが必須！

制服をオマージュした着こなし。実際の学生時代の制服は、ネクタイじゃなくてリボンだったから、シャツにネクタイ、ブルゾンの組み合わせが憧れ。タイトなシルエットのブルゾンは、BURBERRYで買ったもの。制服コーデも、やっぱり大好きなモノトーンで！

TOPS 3

今日のテーマは「部活のマドンナ！」

渋谷のALAND STUDIOで値段も見ずに即決したスポT。胸元にロゴがついたユニフォーム風デザインがお気に入り。カーゴパンツと合わせたストリート風スタイルもいいけど、今日はショートパンツと合わせて、気分は「バレー部のマネージャー」！

TOPS 2

白のブルゾンに白のロンスカいつもより大人でしょ！

大阪まで友だちと買い物に行くときは、真っ白のシャカシャカのブルゾンに真っ白のロンスカで、いつもより大人っぽく。ジャージっぽいデザインのブルゾンは、オリーブデオリーブで半年前に買ったもの。店員さんにも物持ちがいいねって褒められた（笑）。

TOPS 1

サメポケットに全部入れて手ぶらでGO！

大阪でひと目惚れして購入したサメパーカ。サメのイラスト部分が大きなポケットになっているから、スマホとリップを入れて手ぶらで出かけるのがお決まりパターン。こういう1枚でも"映える服"は、イベントでも着られて、一石二鳥だよねー！

ボーイッシュむめいも、新鮮でしょ？

ダボっとカーゴ

SNSとか、おでかけするときではしないカッコだけど、
家の近所で、ストリート系の友達と会うなら、パンツでボーイッシュなカッコも多いよ。
とくに冬は寒いし(笑)。デニムとか、生地かためより、クタッと感があるのが好き。
ママも好きだからシェアできるのもいい。

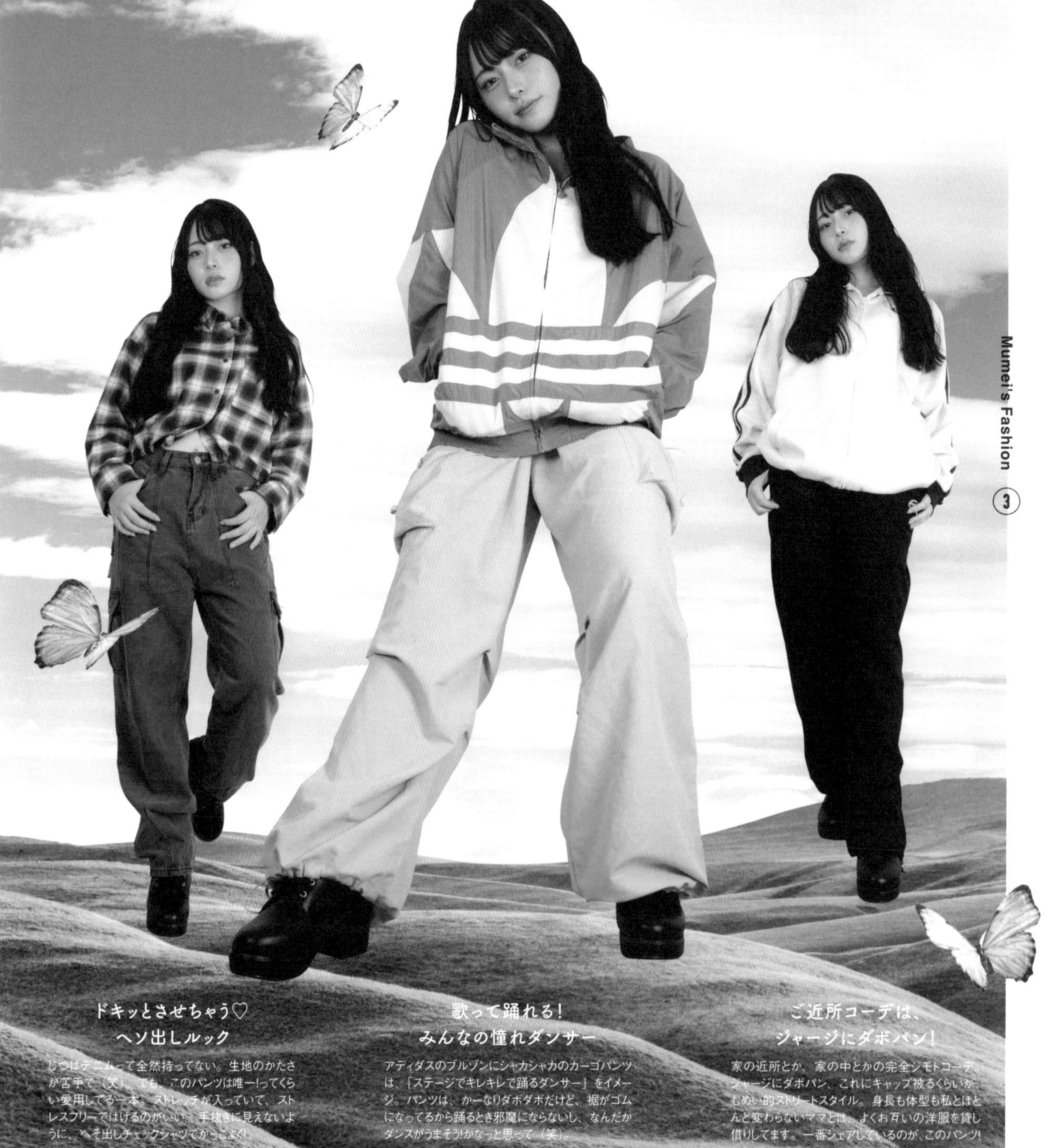

ドキッとさせちゃう♡ ヘソ出しルック

じつはデニムって全然持ってない。生地のかたさが苦手で（笑）。でも、このパンツは唯一!ってくらい愛用してる一本。ストレッチが入っていて、ストレスフリーではけるのがいい。手抜きに見えないように、へそ出しチェックシャツでかっこよく!

歌って踊れる！ みんなの憧れダンサー

アディダスのブルゾンにシャカシャカのカーゴパンツは、「ステージでキレキレで踊るダンサー」をイメージ。パンツは、かーなりダボダボだけど、裾がゴムになってるから踊るとき邪魔にならないし、なんだかダンスがうまそう!かなっと思って（笑）。

ご近所コーデは、ジャージにダボパン！

家の近所とか、家の中とかの完全ジモトコーデ。ジャージにダボパン、これにキャップ被るくらいが、むめい的ストリートスタイル。身長も体型も私とほとんど変わらないママとは、よくお互いの洋服を貸し借りしてます。一番シェアしているのが、このパンツ!

Mumei's Fashion なりきりキャラに合わせてイメチェン

ミニスカ

黒と白のミニスカは、ヘビロテアイテム。
合わせるアイテム次第で、かわいくも大人っぽくもなるし、
いろいろなキャラクターに変身できるところが好き。
大好きなプリキュア風の私服だけ集めてみたよ。
イメージは、むめい流「プリキュアコーデ」!

Mumei's SKIRT

グレー×黒で違いを出す陰のボスキャラ風

グレーのシャツに黒のスカートで、他とはちがう配色。リボンじゃなくてネクタイにして、クールな感じにまとめるのもこだわり。「敵役から仲間になった、実は情に厚い女」設定で!

甘めピンクスカートの愛され妹キャラ♡

ピンクのミニスカに、ケープ付きブラウスで、誰からも愛されるかわいいコーデ。「楽屋でみんなのオフショや TikTok 撮影担当の、むめいプリキュア全員に愛される No. 3」

たとえば、全身真っ白で不動のセンターオーラ!

INGNIのリボンブラウスとスカートで、ピュアな女のコをイメージ。ワンピース風にアレンジして着るのが、むめい的なこだわりポイント。やっぱりオーラが違うでしょ（笑）。

王道のモノトーンでセンターを狙ってる子!

王道の白シャツに黒プリーツスカートのアイドルコーデ。イメージは、「モノトーンでまわりと差をつける生粋の負けず嫌い。センターの座を狙うNo. 2!」みたいな（笑）。

王道のワンピースはザ・地雷ちゃん♡

甘さを活かした地雷系ワンピースは、かわいいもの好きな友だちとカフェにお茶しに行くとき用。写真を撮り合いっこすることもあるから、胸元の大きいリボンで小顔効果も狙って!

Mumei's Fashion

365日、夏でも冬でも足元はコレ一択！

黒ブーツ

いつものスナップ写真を見てもわかると思うけど、冬はもちろん、
夏はメッシュになったタイプにして、1年中「黒ブーツ」。
足先を出すのは、下着を見られるくらい恥ずかしくて……(照)。
絶対的な条件は、「厚底」「ヒール太め」「高さ7cm」がむめいのこだわり。
これが一番、足がきれいに見えるし、厚底だと足への負担も少ないから、
1日中はいても疲れない！

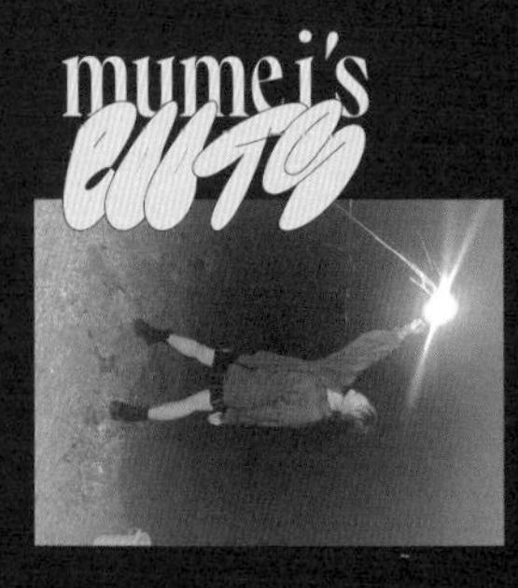

女らしいロンスカにも合う黒ブーツ最強説！

ロンスカだと普通はもう少しガーリー系にいきがちだけど、むめい的にはメンズっぽい、ゴツめな「黒ブーツ」にするのがこだわり!! ニットに白スカの真っ白コーデの引き締め役としても重宝するから、いつものおしゃれがグッと大人っぽくなるでしょ♡

Mumei's Fashion

アクセやヘアアレの代わりにもなる

キャップ&ハット

キャップやハットは、ファンの方からプレゼントされることも多くて、
家には全部で10個くらいあるかな。
その日の気分と、髪のコンディションでかぶり分けるよ！
アクセいらずでおしゃれに決まるのと、ヘアアレしなくてもいいし、寝グセ隠しにもなる（笑）。

合わせやすさがうれしい！シンプルなキャップ

ジモトの友だちがかぶっていた黒キャップ。つばの広さとか、深さとかが絶妙で「欲しい!」とおねだりした（笑）。甘い服にも、ボーイッシュな服にも合うからヘビロテ中!

乙女なハットはお散歩デートで！

完全妄想だけど、「休日のお散歩デート」スタイル。おでかけの日は、かわいらしい刺繍ブラウスと、同じ白の刺繍で合わせたバケハでかわいく♡ 紫外線対策もしっかり!

生誕祭の時にかぶったキャスケット

生誕祭のライブでかぶったキャスケット。ヘアアレンジをしなくても、ステージのライトに負けずにいられたかな。私服ではワンピースと合わせたい気分です。

遠征時に活躍するフェルトハット

ライブやイベントで地方遠征も多いから移動中は HARE のフェルトハットが必須。長時間かぶっていても締めつけなし。かぶらない時は小さく折りたたんでバッグに IN。

アディダスのキャップはすっぴんのマストアイテム

深めにかぶれて、前髪もしっかり隠せるアディダスの黒キャップ。スッピン、キャップ、スウェットは、むめいのご近所スタイルの鉄板コーデになりつつある（笑）。

古着っぽい色褪せがセンスいいでしょ！

ファンの方からのプレゼント。自分では絶対に選ばない色、デザインだったけど「センスいいな〜」って思いながら、日々愛用させてもらっています。

大捜査!!

むめいが毎日持ち歩く
バッグと、旅行用のバッグを
抜き打ちでチェックしてみた。
いったい何が出てくる!?

毎日バッグ DAILY BAG

身だしなみアイテムを持ち歩いてるよ

荷物は少なめだけど、いつ誰に遭遇してもいいようにビジュを整えるアイテムはマスト。あと、絶対にひとつはお菓子が入ってる!

1 サラサラ髪を保つためにはコームが必須。もし忘れてきたら、出先で買っちゃう。　2 前髪切りたい! と思い立ってついさっき買った安全バサミ。前髪でビジュが変わるからね!　3,4 イヤホンは寝るときや大勢の人がいるときは無線、編集作業するときは有線で使い分け。　5,6,7 マスク、帽子、メガネの3点セットは、あんまり人に気づかれたくないっていうときにつけてるよ。　8 香水はバーバリーのウィークエンドを愛用中。つけてから少し経つとお風呂上がりみたいな香りがする!　9 先週スタバでもらった、ストローの袋が出てきた……。　10 シーアイオーのモバイルバッテリーは、充電できる容量が大きくておすすめ。　11 コスメはリップふたつとグリッターのみ。　12 誕生日に友だちからもらったルイ・ヴィトンのお財布。大好きなUSJにいつでも行けるように、年パスを常に入れてるよ。　13 期間限定のラムネ味のフリスク。残り2粒がケースから出ちゃってた……。　14 今日のおやつは茎わかめ。

突然ですが、見せて見せて!

バッグの中身

旅行バッグ TRAVEL BAG

プチ旅行の東京撮影では荷物を最低限に!

1泊2日でお仕事に行くときの持ち物。荷物を減らすコツは、ホテルのアメニティを活用することと、一緒に行くママと物を共有すること。

1 1泊2日の旅行は、次の日の着替えを持っていくのみ。 2 コスメポーチはシーインで買ったもの。いつも使ってるものを全部入れたいから、大きいものがいい。コスメ以外に、メイクのときに使うヘアクリップや、眉毛用カミソリなんかも入れてるよ。 3 サロニアのストレートアイロン。 4 ラヴィエルのカールアイロン。どんなヘアスタイルにもできるようにアイロンは2台持ち。 5 ささっとメイクを落とせるクレンジングシートは、唯一持っていくスキンケアかも。 6 カラコンの洗浄液。 7 カイカのヘアオイルを愛用中。 8 先っぽが尖っているヘアコームは、髪を取りやすくて使い勝手がいいよ! 9 オーシャントリコのスプレーは、むめいのヘアセットに欠かせない。 10 撮影でもイベントでも自分でメイクするから、持ち運べるコンパクトミラーは必須。 11 眠れないときに使うホットアイマスクは、ファンの方からのプレゼント。 12 ソニーのビデオカメラは、片手で軽々持てて自撮りも楽ちん。

むめいのかふぇ

DRINK

ハンドドリップコーヒー　推し活ラテアート承ります！

100%すいかジュース

もしもむめいがカフェを開いたら……？

将来はカフェを開くのが夢。店長として、理想のメニューを考えてみたよ。ぜ〜んぶ、私の好物です！

名物は、大好きな食べ物を盛りに盛った特製パフェ。固めたカラメルでふたをしたパフェを何個も積み上げて、1mの高さにしてからご提供します。同伴者とのシェアは禁止なので、頑張ってたいらげて！　らくがきチュロスは、店長が直々に文字を描くサービスも(ただし追加料金として5,000円をいただきます☆)。スープ春雨は、お客さんが注文すると、店長である私がその場でいただける「ごほうびメニュー」！　忙しく働く店長をいたわってください♡

mumei beauty

「むめい顔」「むめいヘア」のつくり方

HOW TO MUMEI Make-up&hair

Mainichi Make-up | Narikiri Make-up | Kihon hair | Kibun hair Arrange

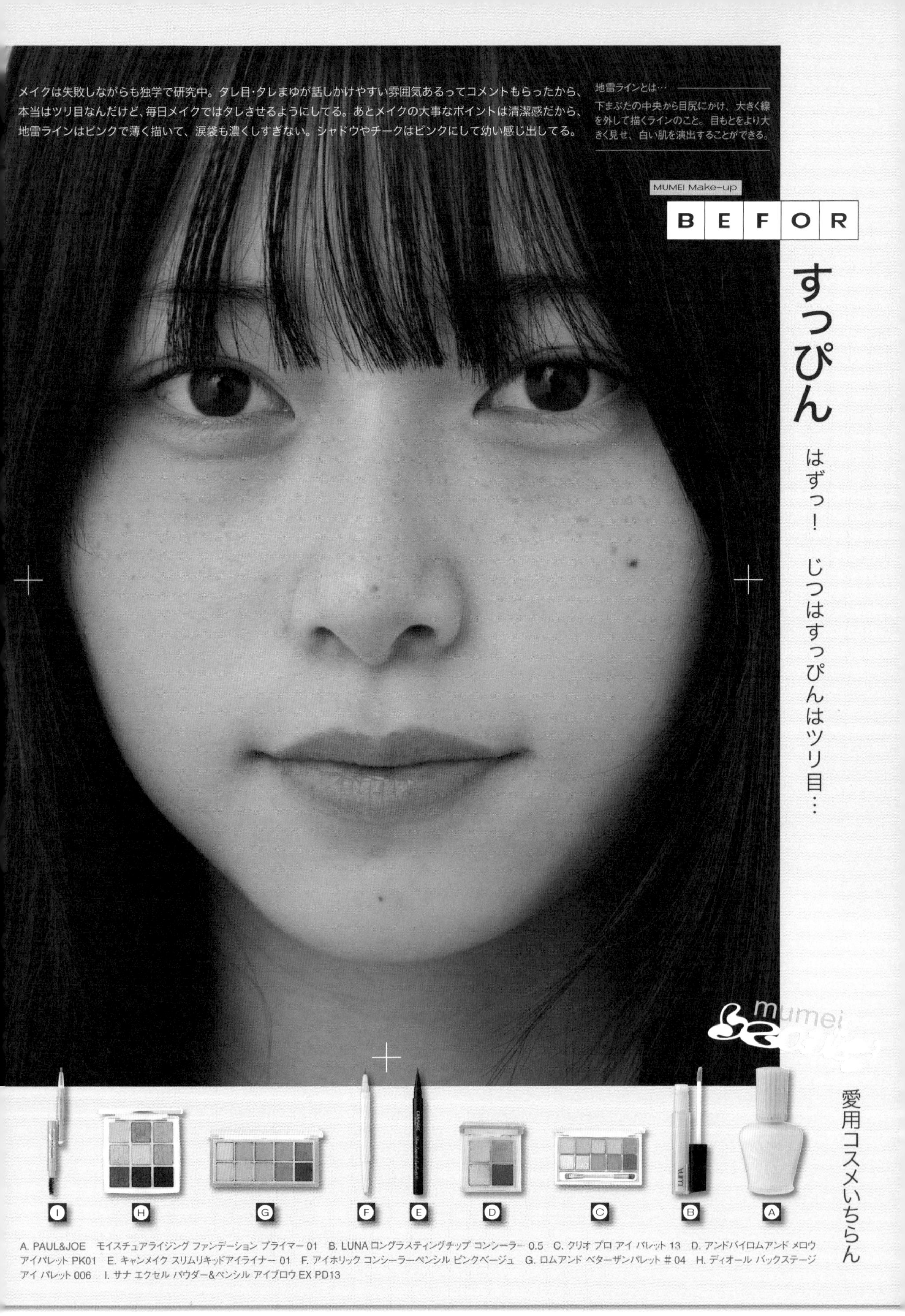
MUMEI Make-up
BEFOR
すっぴんはずっ！　じつはすっぴんはツリ目…
メイクは失敗しながらも独学で研究中。タレ目・タレまゆが話しかけやすい雰囲気あるってコメントもらったから、本当はツリ目なんだけど、毎日メイクではタレさせるようにしてる。あとメイクの大事なポイントは清潔感だから、地雷ラインはピンクで薄く描いて、涙袋も濃くしすぎない。シャドウやチークはピンクにして幼い感じ出してる。
地雷ラインとは…
下まぶたの中央から目尻にかけ、大きく線を外して描くラインのこと。目もとをより大きく見せ、白い肌を演出することができる。
mumei
愛用コスメいちらん
I
H
G
F
E
D
C
B
A
A. PAUL&JOE　モイスチュアライジング ファンデーション プライマー 01　B. LUNA ロングラスティングチップ コンシーラー 0.5　C. クリオ プロ アイ パレット 13　D. アンドバイロムアンド メロウ アイパレット PK01　E. キャンメイク スリムリキッドアイライナー 01　F. アイホリック コンシーラーペンシル ピンクベージュ　G. ロムアンド ベターザンパレット ＃04　H. ディオール バックステージ アイ パレット 006　I. サナ エクセル パウダー&ペンシル アイブロウ EX PD13

※全プロセスコマ送りでみせます

むめいの毎日メイク大公開

MUMEI Make-up

AFTER

メイク後

やりすぎない地雷ラインでタレ目偽装♡

つくり方は次のページへ！

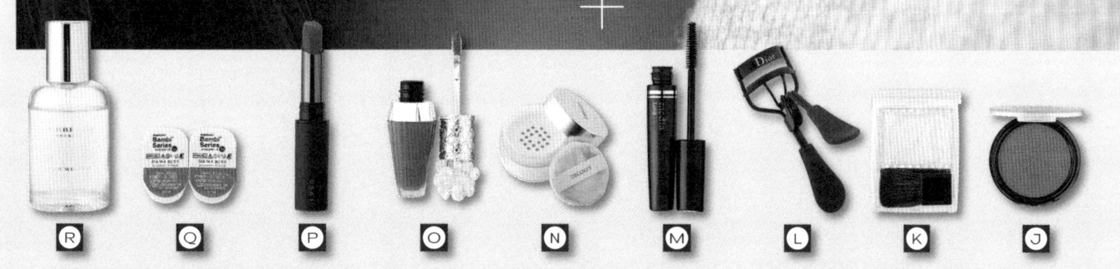

J. リンメル マキシブラッシュ 003　K. セザンヌ パールグロウハイライト 01　L. ディオール バックステージ ラッシュ カーラー　M. メディア ロングマスカラ S BK　N. コスメデコルテ フェイスパウダー 00　O. ジルスチュアート クリスタルブルーム リップブーケ セラム 06　P. OSAJI ニュアンス リップスティック 19　Q. エンジェルカラー バンビシリーズ 1デイ スワンブルー　R. バーバリー ウィークエンド フォー ウィメン オードパルファム

コマ送りで見せちゃうよ〜！

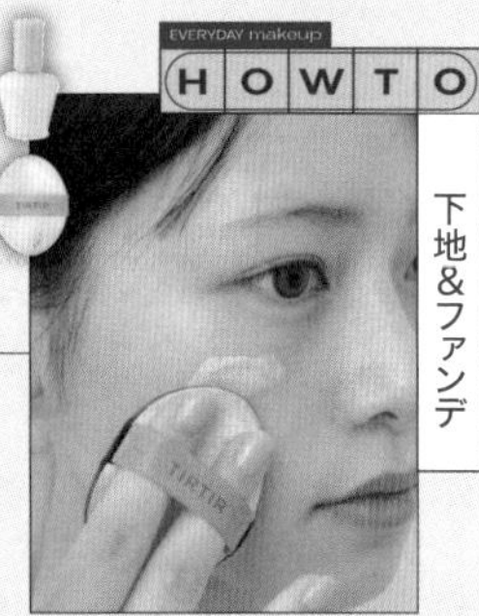

ベースはファンデなしで下地のみ。スポンジで全体にまんべんなく塗る。

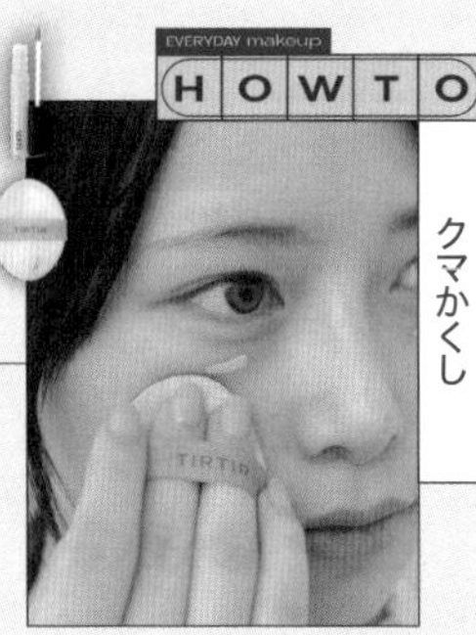

目の下のクマにコンシーラーを置き、スポンジで叩きながら伸ばすよ。

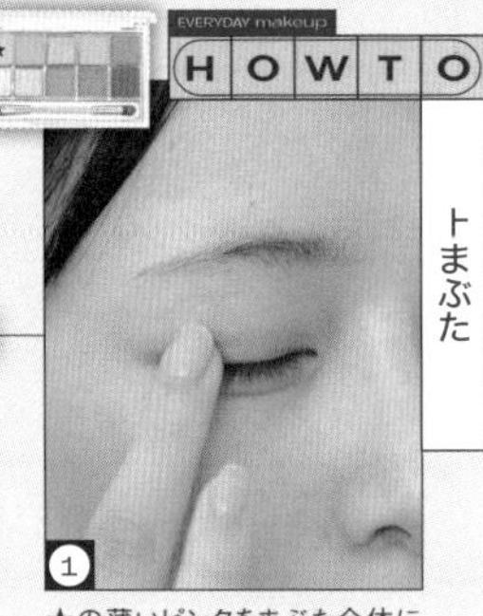

★の薄いピンクをまぶた全体に指でのせ、まぶたの色味を明るく整える。

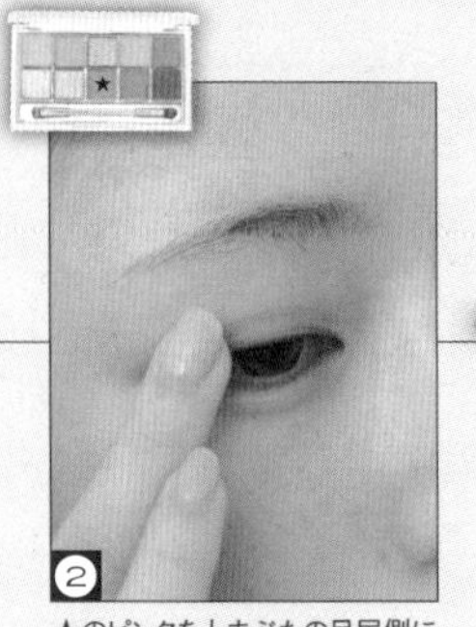

★のピンクを上まぶたの目尻側に重ね、目尻を強調するよ。

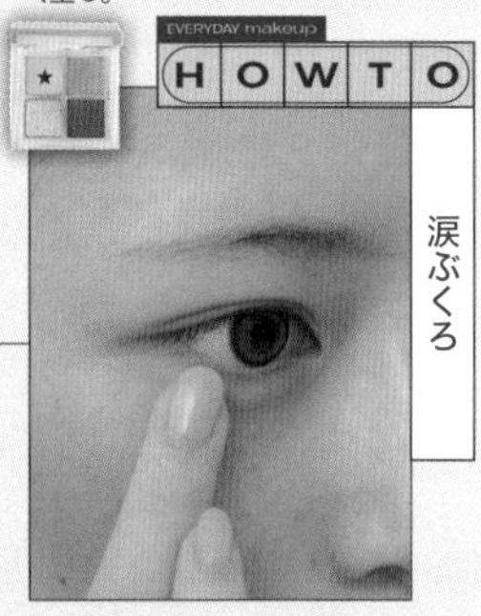

★のピンクを下まぶたの涙ぶくろ全体に。指でササッと塗る！

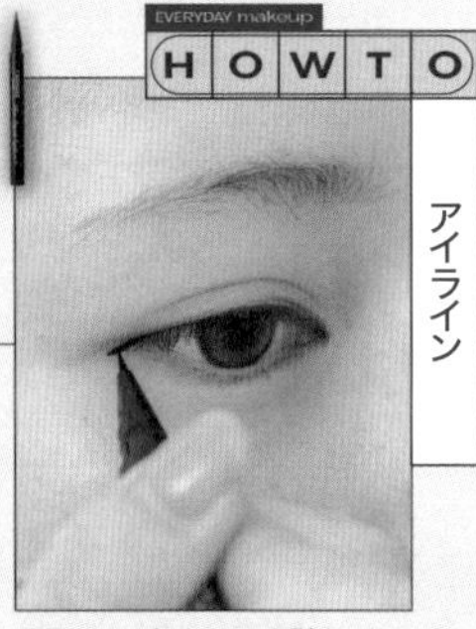

目尻だけに細くラインを引く。キワに沿って平行に抜き、タレ目に。

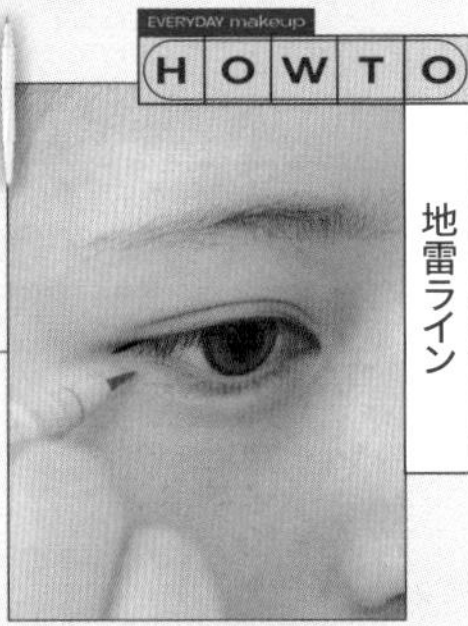

下まぶた中央のキワから目尻のタレラインの先に合体するように引く。

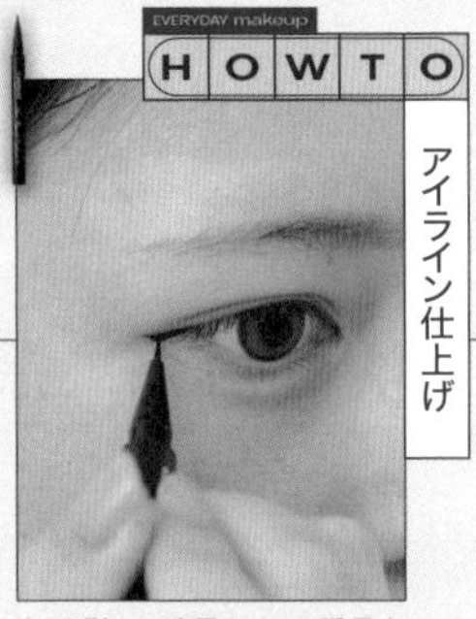

さっき引いた地雷ラインの延長上に、ラインをチョンっとハネ上げる。

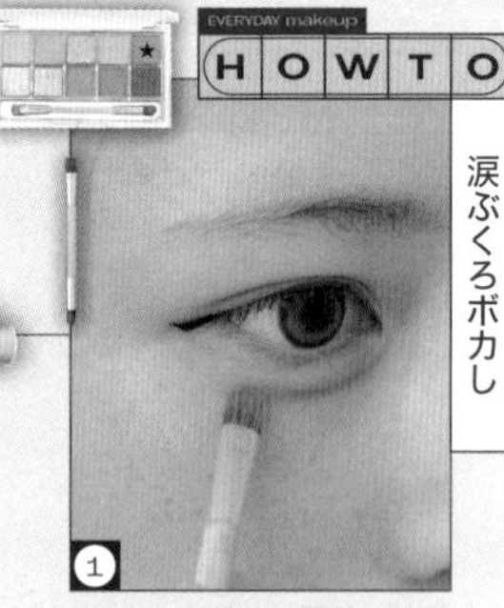

★のくすんだ色で、涙ぶくろの下に影になるラインを引くよ。

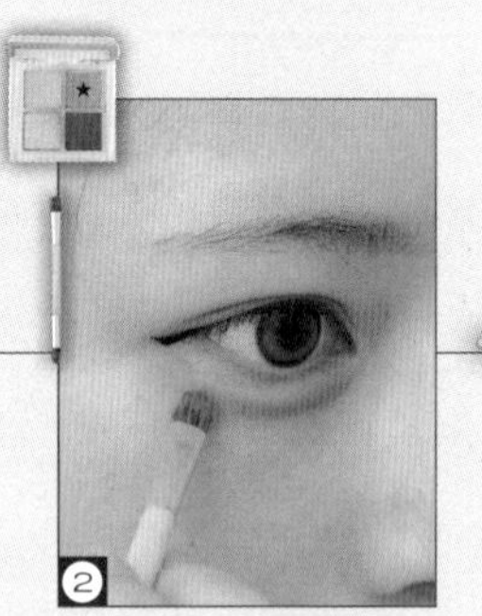

★のピンクをさっき描いた涙ぶくろラインに重ね、自然にボカす。

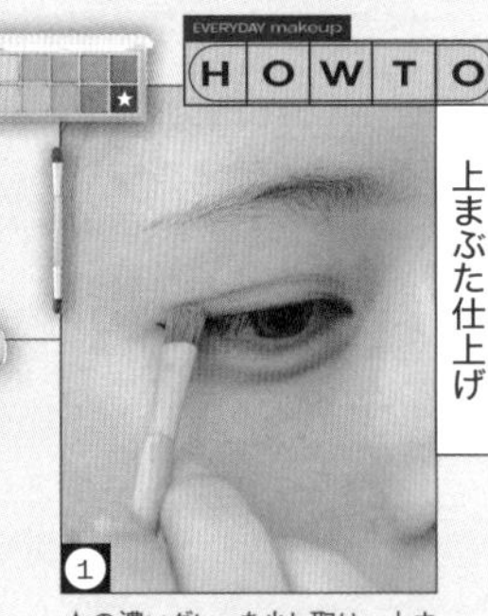

★の濃いグレーを少し取り、上まぶたの二重ラインをなぞり強調！

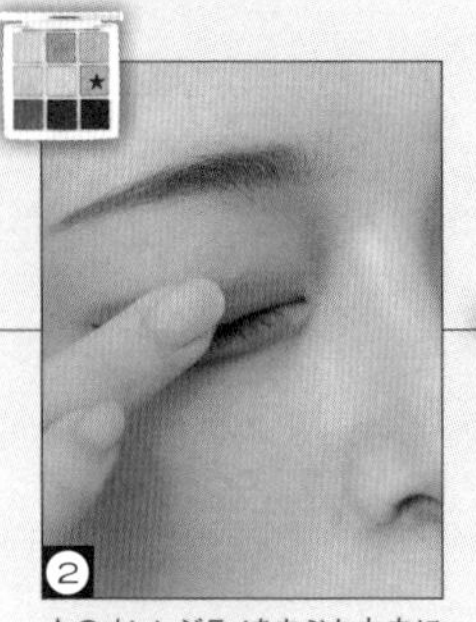

★のオレンジラメをまぶた中央に重ねる。意味あるかわかんないけど（笑）。

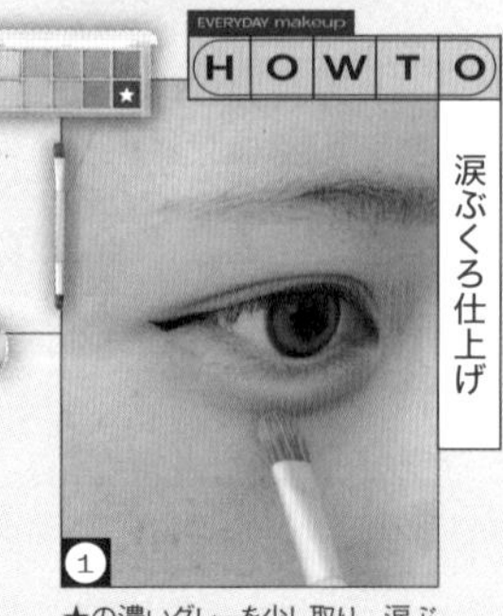

★の濃いグレーを少し取り、涙ぶくろラインの中央に重ね影をつくるよ。

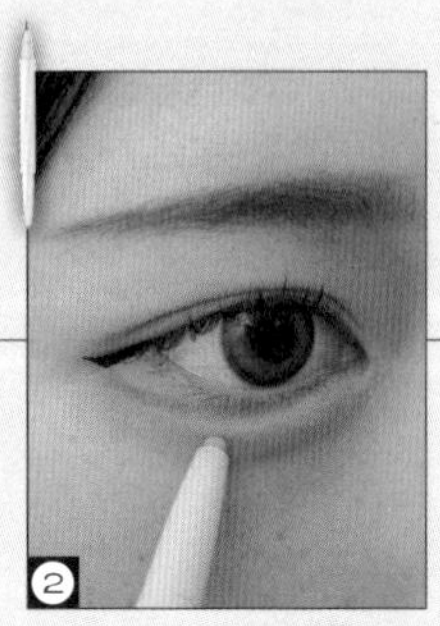

コンシーラーペンシルで涙ぶくろ全体を塗りつぶし、明るくする。

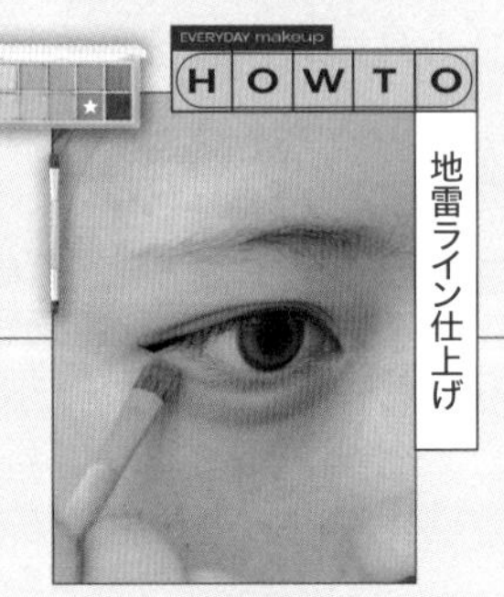

★の薄いグレーで地雷ラインをなぞり、ラインを強調するよ。

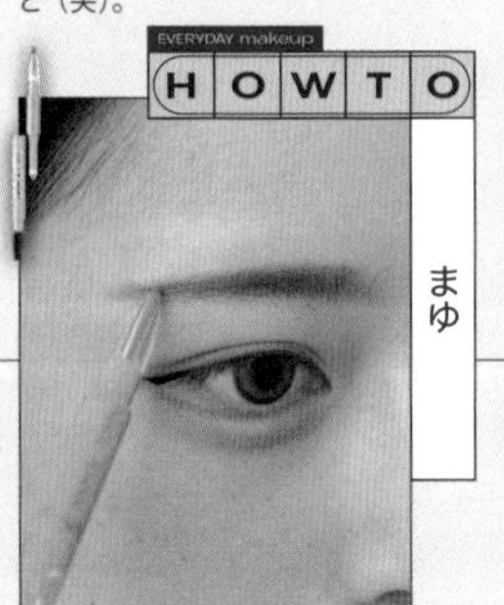

まゆは剃ってタレっぽく整えてるので、ペンシルで均一に色づける。

HOWTO 毎日メイク

＼P34-35のアイテムを使って…／

メイクの全プロセスを

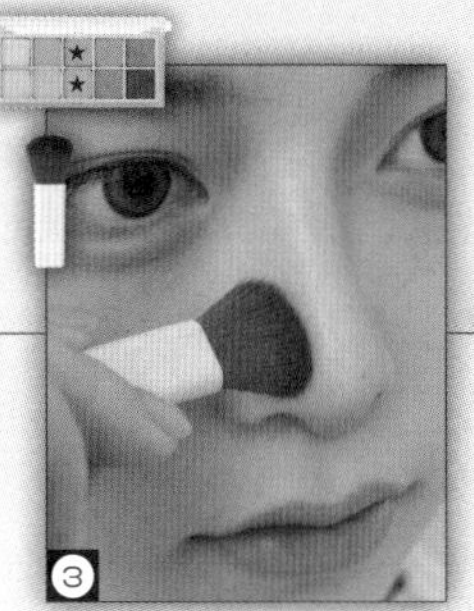

同じく★を混ぜた色で小鼻の横にも。薄ーく影をつくる。

同じく★を混ぜた色で、鼻先にも少しのせ、影をつくるよ。

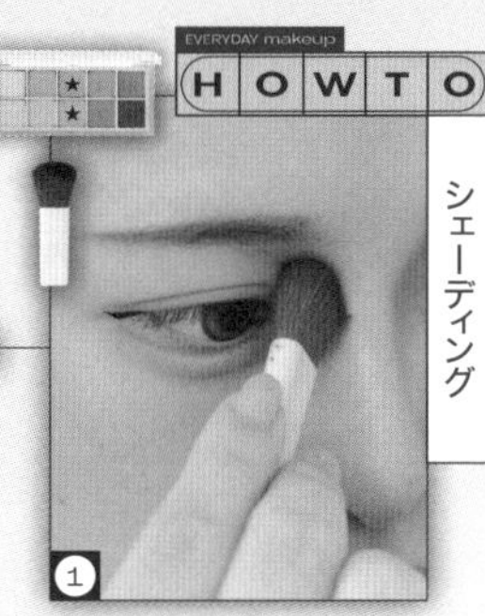

★のベージュとグレーを混ぜ、まゆ頭から鼻筋まで影をつくる。

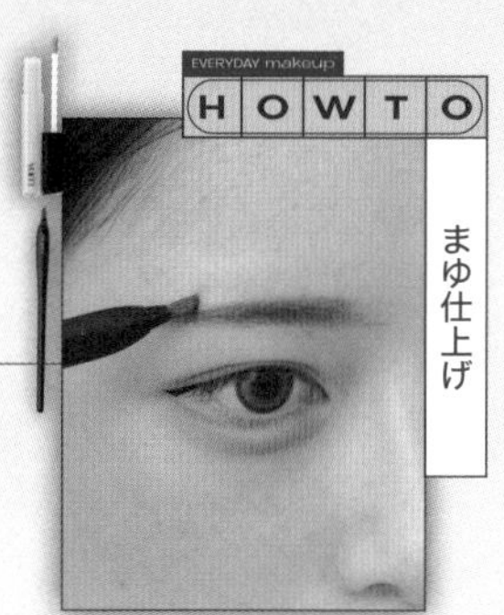

まゆ尻の上にコンシーラーをのせなじませ、タレまゆを強調！

ハイライトを鼻の頭にほんのり入れ、立体感を出すよ。

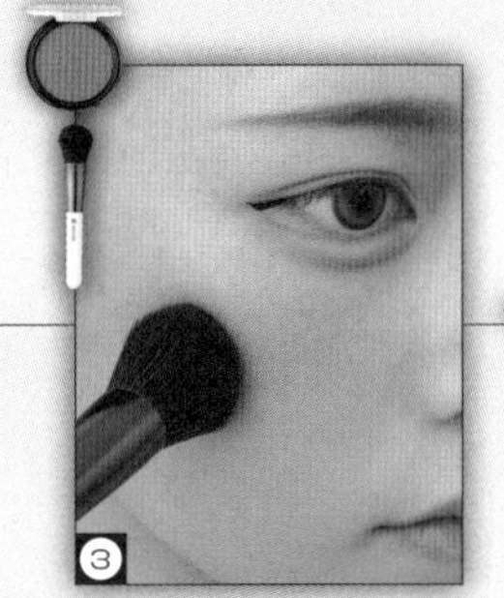

頬骨を中心に、幅広のだえん形になるように横長にチークを入れるよ。

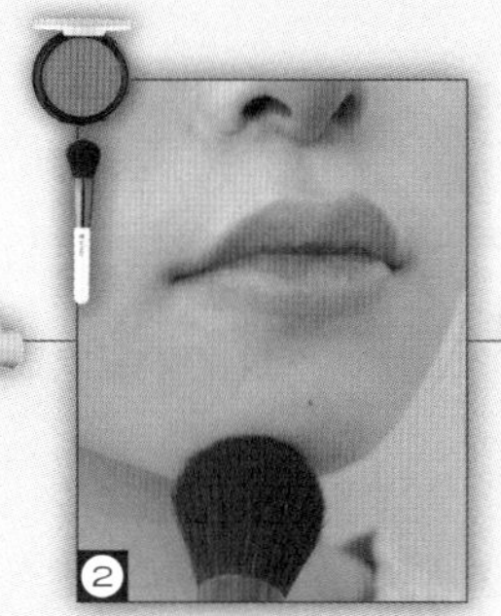

チークブラシを使って、チークをあご先にちょっと入れる。

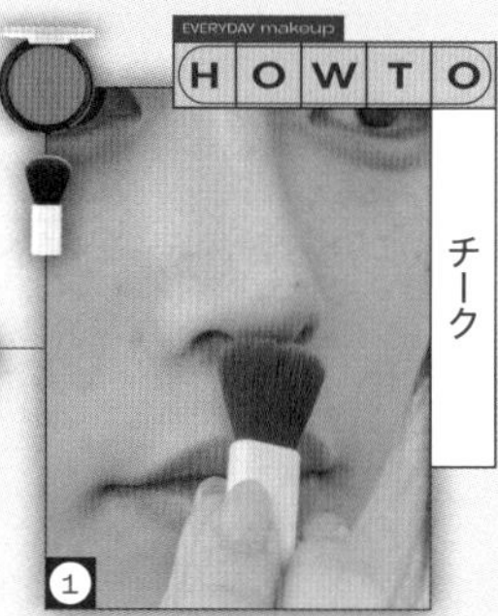

チークを小さいブラシにとり鼻先に。幼い雰囲気が出せるらしい(笑)。

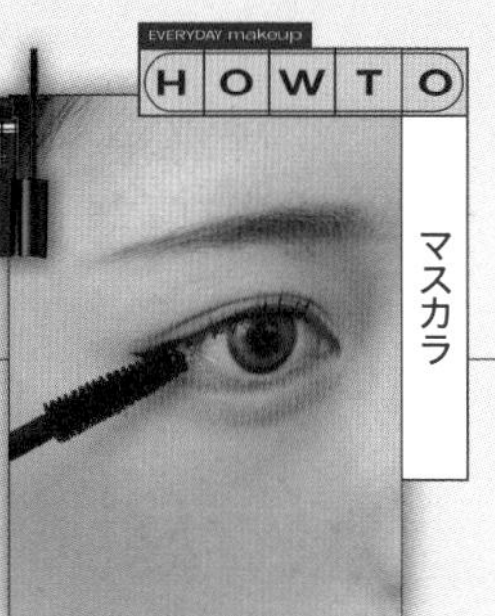

まつ毛はパーマしてる。マスカラは毛先につけ、束っぽくするよ。

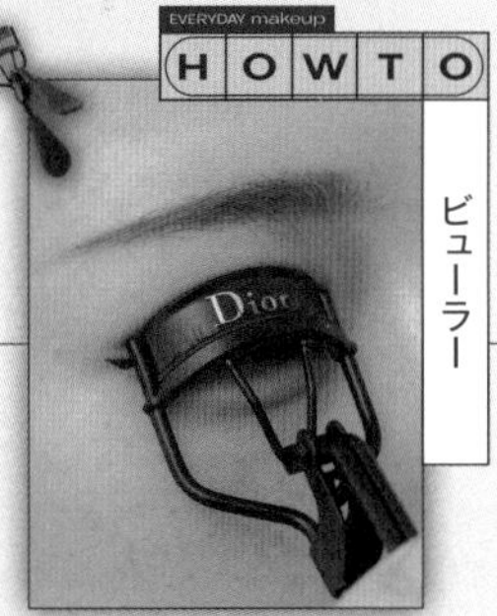

ビューラーは気持ち（笑）。根もとをキュッとするくらい。

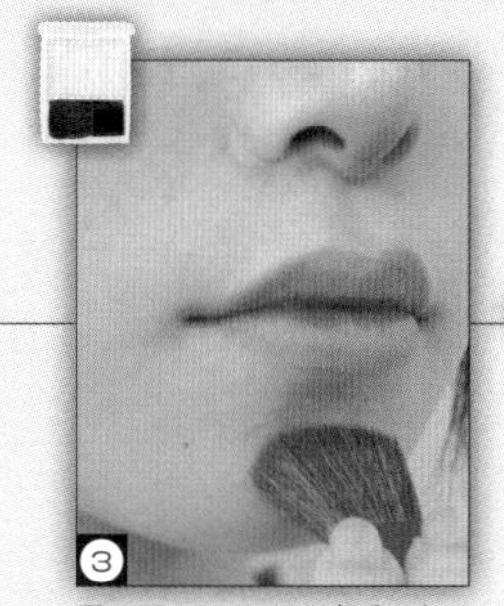

唇の下の凹んでいる部分にもハイライト。薄く入れて自然に！

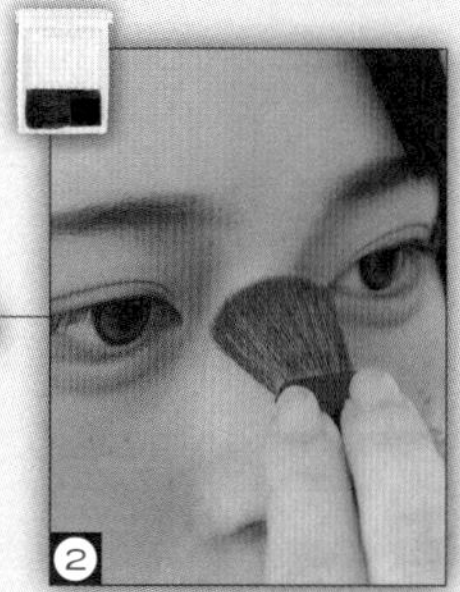

鼻のいちばん凹んでいる部分にも、ハイライトを入れる。

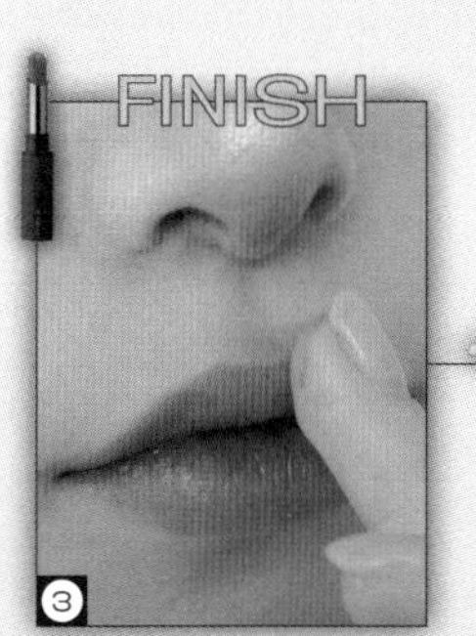

上唇の山の上にも少しのせる。鼻下を短く見せる効果があるよ。

上下の唇の中央にピンクベージュのリップを重ね、グラデに！

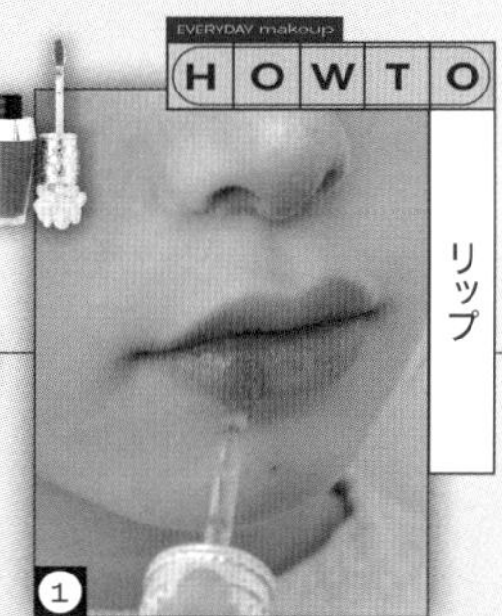

美容液入りで縦じわを目立たなくするグロスを唇全体に塗るよ。

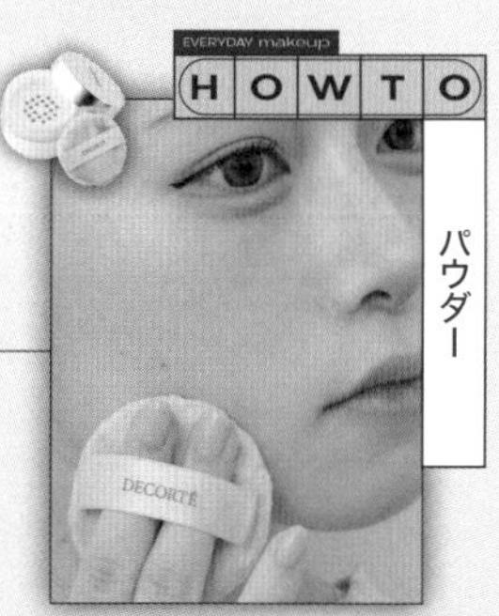

メイクした部分をさけて、パウダーを薄くすべらせるようにのせる。

むめいのなりきりメイク4変化!!!

ヘアも衣装もなりきって、変身するの大好き！　いままで披露してきたコスプレのなかで、
SNSで人気だった4つのメイクのポイントを教えるよ。

MUMEI Make-up 1 スクールメイク

高校3年間で磨き上げた
絶対バレへんすっぴん風メイク！

むめいがリアルにやってた通学メイクだよ。
スクールメイクはくずれるとバレるから、
ファンデとかマスカラは潔くやらん！
下地だけ塗って、チークは薄いピンクに。
アイメイクは茶色でアイラインを
自然に描いたら、あとは涙ぶくろだけ。
これくらいがギリ！

POINT

地雷ラインは絶対バレるから（笑）、ちょっとパール感のある黒で下まぶたの中央から目尻の粘まく部分にラインを引いてる。茶色のアイラインは目尻を伸ばしすぎないように。涙ぶくろは薄ピンクでほんの少し強調。

USE ITEM

右から／カラコンはナチュラリミスティブラウン。デイジークシャドウパレット 16 の★の薄いピンクを涙ぶくろに入れてる。チークはロムアンド ベターザンチーク N02 の薄ピンク。

MUMEI Make-up 2 アニメメイク

目がうるうるに見えるようにラメをいっぱい使うのが大事！
アイシャドウをいつもは使わないラメにして、
ハイライトもパールがキラキラしたのを使ってる。
あとは茶色のアイラインで
地雷ラインとまつ毛を描いて、
目が大きく見えるようにするよ。

目に光が入ったアニメの主人公みたいに
とにかくキラキラさせる！

POINT

目を大きくしたいので、茶色のアイライナーで地雷ラインを描き、そこにまつ毛も描く。涙ぶくろも目立つよう、ハイライトでキラキラに明るく。上まぶたの二重ラインにはブルーのラメをのせる。

USE ITEM

右から／ブルーのリキッドラメはENBAN TOKYOのマルチプリクラペン 08。カラコンはなじまずに目立つ水色のティアモ Renel Blue。ハイライトはフワラーノーズ リトルエンジェル ハイライター ムーンリバー。

mumei beauty

FOR GIRLS

MUMEI Make-up 

女子ウケメイク

自我強そうな女子がウケると思ってる（笑）
本来のツリ目をラインでさらに強調

女友だちと遊びに行くときにやりたいメイク。にらんでるように目を三白眼みたいに見せたいから、地雷ラインをいつもよりも下に描いて白目を広く見せてる。シャドウはグレー系でまとめるとコワイ感じでよい（笑）。なんか我が道を行く女子！って感じ。

POINT

上まぶたの黒目上から目尻をハネ上げるツリ目ラインに。二重ラインと地雷ラインを濃いめのグレーシャドウでなぞり、地雷ラインからまつ毛も描く。地雷ラインは目から大きくはなす。

USE ITEM

リップはコンシーラーで消したあとにマキアージュ ドラマティックエッセンスルージュ RS501 の茶色っぽい赤を塗り、ヘラ センシュアルヌードグロス 462 を重ねてじゅわっとした感じに。カラコンは毎日メイクと同じ。

MUMEI Make-up 4

男子ウケメイク

ピンクベージュで清純な感じにまとめたナチュラルメイクだよ

あなたのためにメイクしてるわけじゃない、
いつもこうですけど?って自然に見せるため、
シャドウやリップはピンクベージュを使う。
地雷ラインは男子ウケがよくないので、
ピンクでうっすら描くよ。
チークはピンク色で、ポッと赤くなっちゃった感じに。

Make-up

POINT

デイジークのシャドウパレットの★のピンクで地雷ラインを描く。アイラインは細くタレさせ、地雷ラインとはつなげないようにすると、ナチュラルに。まつ毛は束にしないよ。

USE ITEM

右から／デイジーク シャドウパレット 16 の左上をまぶた全体に、中央を二重幅に入れ、キラキラさせてる。リップはヴィセ エッセンス リッププランパー BE300。カラコンはティアモ Natural Black。

mumei hair

1）七三前髪はほんのりカール

2）横髪で輪郭を隠し小顔に

3）毛先はぱっつんストレート

前髪と横髪にこだわりあり！

むめいのヘアの 絶対！

髪はめっちゃこだわりあって、
前髪と顔まわりの横髪はいつも自分で切ってる！
美容師さんにも触らせません(笑)。
さらさらストレートのむめいヘアの秘密、教えてあげる。

郵 便 は が き

料金受取人払郵便

神田局
承認

7879

差出有効期間
2024年6月
29日まで

上記期日までは、
切手をはらずに
ご投函ください。

101-8725

508

東京都千代田区神田神保町2-30昭和ビル
小学館集英社プロダクション
メディア事業局 出版企画事業部
愛読者係行

ご住所	〒　　　　電話番号　　－　　－			
フリガナ		男 女	年齢	歳
お名前				
メールアドレス（携帯メール可）				
お買上げ店	都道府県　　市町村区　　店 ※ネット書店の場合はサイト名をご記入ください。			
よく利用するSNS	・Twitter ・Facebook ・Instagram ・TikTok ・利用していない	ご職業	a. 会社員 b. 自由業 c. 自営業 d. 公務員 e. 学生 f. アルバイト g. その他（　　）	

※このハガキは、アンケートの収集、関連書籍のご案内、商品の発送に対応するためのご本人確認・配送先確認を目的としたものです。ご記入いただいた個人情報は、商品を発送する際やデータベース化する際に、個人情報に関する機密保持契約を締結した業務委託会社に委託する場合がございますが、上記目的以外での使用はいたしません。また、小社刊行物やサービスに関するご案内を郵送またはメールにて差し上げる場合がございます。案内を希望されない場合は、右の□にチェックを入れてください。

案内を希望しません→ □

ご購入いただき、ありがとうございます。今後の企画の参考にさせていただきますので、下記のアンケートにお答えください。

■ご購入いただいた本のタイトル

〔　　　　　　　　　　　　　　　　　　　　　　　　　　　　　　〕

■本の評価

・装丁は…　1. 大変良い　2. 良い　3. 普通　4. 悪い　5. 大変悪い
・内容は…　1. 大変満足　2. 満足　3. 普通　4. 不満　5. 大変不満
・価格は…　1. 安い　2. 適正　3. 高い　4. 購入時に価格は気にしない

■本書を何でお知りになりましたか?

1.TV／ラジオ／新聞／雑誌／WEB等の広告・紹介記事で
〔媒体名：　　　　　　　　　　　　　　　　　　　　　　　　〕
2. 書店で実物／販促物を見て　3. 知人に薦められて　4. 小社ホームページ
5.Twitter／Facebook等のSNS　6. イベント　7. その他

■本書の何に惹かれてお買い求めになりましたか?（複数回答可）

1. テーマ／内容　2. 著者　3. 周囲の評判／評価　4. 装丁／デザイン
5. その他〔　　　　　　　　　　　　　　　　　　　　　　　　〕

■好きな本のジャンルを教えてください。

1. 文芸　2. ノンフィクション　3. 実用書　4. ビジネス
5. 絵本・児童書　6. アート　7. コミック　8. 特にない

■本書についてのご意見・ご感想、または応援メッセージをお聞かせください。

〔　　　　　　　　　　　　　　　　　　　　　　　　　　　　　　〕

※上記のご意見・ご感想・応援メッセージを、匿名（都道府県・性別・年齢のみ記載）にて広告媒体や小社ホームページ・SNS 等でご紹介させていただく場合がございます。掲載不可の場合のみ、右の□にチェックを入れてください。

掲載不可→ □

ご協力ありがとうございました。

“ジャパニーズかわいい”ぱっつんが基本だよ

"黒髪・ぱっつん・さらさら"がむめいの定番。全体はぱっつんに切り揃え、白肌が目立つザ・ジャパニーズって感じにしてるけど、前髪はそのままだと顔が暗く見えちゃうから、七三に分けて毛先をカール。あと、大事なのは輪郭を隠す横髪。これはむめいの心のバロメーターになってて、横髪が多いときは自分に自信がないとき（笑）。

前髪と横髪は自然なカール、毛先はストンとまっすぐ。アイロンひとつでつくるよ

_HOW TO _

前髪のつくり方（1

カールはほんの半回転

①毛先を束でとって、アイロンではさんで内側にほんの半分くらい回転。この間、3秒くらい！

すぐに指でつまんで固定

②アイロンをはずし、指でつまんでカールをキープ。熱いんだけど（笑）、これがキモだからガマン。繰り返す。

横髪のつくり方（2

横髪の内側は外巻きに

①横髪は外側に向けて長くなるようグラデにカットしてるから、内側の短い部分を外側に半回転外巻きに。

横髪の外側は内巻き

②外側の長い横髪は毛先を半回転内巻きに。高温のアイロンだから、ほんとに3秒くらいしかはさまないよ。

毛先のつくり方（3

シャギー部分を内巻きに

①髪全体は、内側に少しシャギーを入れてる。シャギー部分だけとって、半回転内巻きにして目立たせる。

全体の毛先はまっすぐに

②髪全体は束でとったら、アイロンを根もとから毛先までまっすぐすべらせて、毛先までスーッと抜く感じ。

SALONIA

♥

高温のアイロンだからとにかく素早くセット！

210℃の高温が出せるプロ使用なところが使える！ 高温だと時短でセットできるから、逆に髪が傷みにくいの。シンプルな構造なのも好き。

KAIKA

OCEAN TRICO

前髪と横髪はスプレーでキープ！

毛先はオイルで保湿するよ。コスプレウィッグ用に買った超ハードな「バリカタスプレー」は、めっちゃ遠めからかけて前髪と横髪を自然にキープ。オイルは毛先につけるとまとまるの。

気分でヘアアレ6!!
行く場所や洋服に合わせて、ヘアアレンジで印象を変えるのが好き。
あとは、アイロンでまっすぐにするのがめんどいときにも、
よくやる(笑)。バリエもっと増やしたい〜!
1.みつあみカチューシャ
Hair Arrange_1
おしゃれに見せて
じつはみつあみで
寝グセ隠してるだけ(笑)
HOW TO
カチューシャをしているように耳上の髪を
両サイドみつあみして、耳の後ろで結ぶ。
裏編みしかできんから(笑)、
ぷくっと立体的になるよ。
耳が立つような位置で
ゴムを結ぶのがカギ
2.みつあみおさげ
Hair Arrange_2
みつあみから
毛束を引き出して
ゆるっとさせると
いい感じ
編み目を引き出してゆ
るっとさせるよ
HOW TO
横髪を残し、全体をふたつに分けて
みつあみ。かっこいいキャップと
女のコっぽいみつあみのバランスが好きで、
アイロンしたくないときはコレ。
3.ハーフツイン
Hair Arrange_3
“ハチ”っていう頭の
でっぱった部分に結ぶと
触角みたいに立ちあがるよ
毛束を左右にひっぱり
噴水みたいに立たせる
HOW TO
耳上の髪でツインテール。
ツインテールにする毛束は少なめで、
後ろの髪をかぶせて分け目が
見えないようにするのがこだわり。

首もとを見せたい
ファッションのときは
おだんごですっきり

4. おだんごアレンジ

Hair Arrange_4

みつあみも、巻きつけるのも、適当でOK

HOW TO

高い位置でポニーテールして、みつあみして、ぐるぐる巻くだけ。耳前の毛束ひとすじをくるんと外巻きするのがポイント。

ジモトで
浮かないよう
ツインテールは
低い位置が鉄則

5. ツインテール

Hair Arrange_5

HOW TO

ジモトの友だちと遊ぶときアレンジ。後ろの分け目をジグザグにするのがポイント。耳上のツインテールは恥ずかしくて東京でしかできひん(笑)。

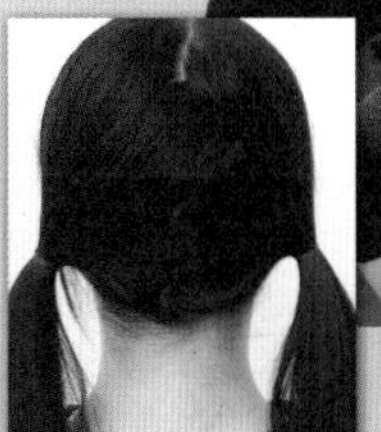

もう慣れたから指でやってもキレイにジグザグ!

6. くるくる巻き

Hair Arrange_6

ちょっと
気合入れたい
お出かけのときは
巻く!

38mmがなかなか見つからなくてアマゾンで買った。ブラシがついてるけど使ったことなくて、カバー代わり(笑)。

LAVIEL

HOW TO

髪が長いから、38mmの太いアイロンを使うのがこだわり。
毛束をとり、髪の中間から毛先を外巻きに。
横髪はそのまま残すよ。

200℃のアイロンで
所要時間5分で巻く!

多忙を極めるむめいの1日をママカメラが密着

お仕事で東京へ行く日に密着してみた!! ガチ寝起きから、ベッドに入るまで徹底的にスクープしております……(笑)。ママのコメントとともにお楽しみください♡

MUMEI'S ONE DAY

レコーディング終了!! 次のお仕事へ……

MUMEI'S ONE DAY

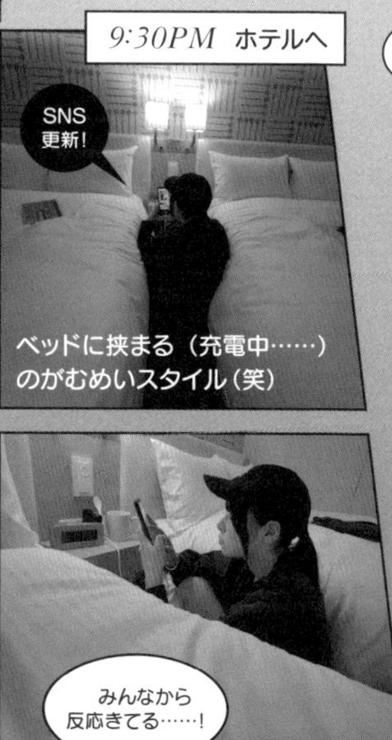

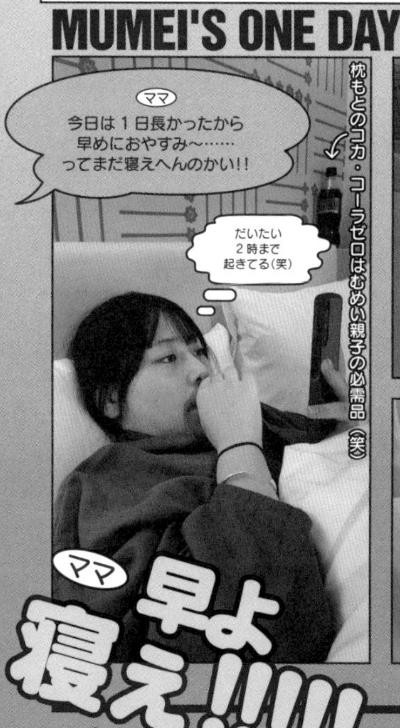

Which face do you like ____?

むめいの「顔」オンパレード!
切り抜いてスマホに挟むもよし◎
どう使うかはあなた次第(笑)。

2020071424314

Mumei's History

TikTokerむめいができるまで

19年の歴史を総まとめ!!

泥だんごづくりに興じた幼少期、“食い”にハマった成長期、“モテ”に一喜一憂した思春期……。
TikTokに出合い、“むめい”が誕生するまでには、いろんなできごとがあった！
むめいになるまでの17年と、むめいになってからの2年。
計19年間の軌跡を、むめい本人の写真とコメントで振り返ります。

波乱万丈なむめいの19年を振り返る
MUMEI SUGOROKU 人生すごろく

まずは、些細なことから大事件まで根掘り葉掘り聞き出して、むめいの人生すごろくつくってみた。
誕生から現在までを駆け足で振り返る、むめいの成長記ダイジェスト版です。

START!

むめい誕生!

滋賀県彦根市で2800gで生まれた。今と違って人見知りしなくて、だれにだっこされても泣かなかったそう。

幼稚園入園

竹馬と泥だんごガチ勢

自分をプリキュアだと思い込む

おままごとでは毎回ねこ役

好きな人がいっぱいできる

好きな人に順位つけてたな(笑)。8位くらいまでいた(笑)。

本命の子からほっぺにチュウされて2マス進む

ドッジボールで相手の顔にボールを当てる

遊んでただけなのに、どうして謝らなきゃいけないのかわからんくて悔しかったのを覚えてる。

ケイドロで男子にえこひいきされる

うちのことを好きな男子が鬼やったら、追いかけてきてもタッチしないで「ちょっと休み」(休みな)と言ってくれたりして。子どもながらに、好きな女子に優しさアピールしてたな。

MUMEI SUGOROKU

誕生～小学校低学年：おてんば娘、弟と一緒にすくすく成長

NEXT!

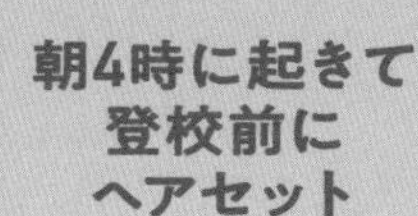

朝4時に起きて登校前にヘアセット

アニメの主人公に憧れて服装や髪型に凝りだしたころ、ポニーテールとかみつあみとか、毎日髪をアレンジするのに時間かけてた。

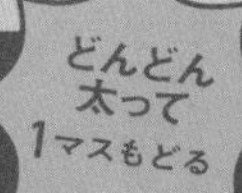

どんどん太って1マスもどる

ママに内緒でジャンクフードを爆買い

弟を共犯に、フードコートのフライドポテトや、シャトレーゼの練乳入りのいちごアイスを爆買い。ママにバレてめっちゃ怒られた。

ベースを始める

MUMEI SUGOROKU

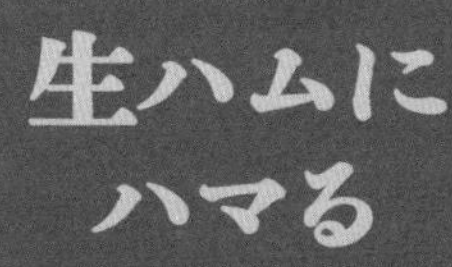

生ハムにハマる

ハマるとそればっかり食べる習性があるんかな。おつまみ系のしょっぱいものが好き。

友だちん家に毎日遊びに行く

玉子焼きとかたこ焼きとかつくって食べるのが楽しかったな。友だちと比べて、食べるのが早いって気付いた(笑)。

ミニ四駆にハマる

注目される快感を知り2マス進む

コスプレして家族でユニバへ

コスは不思議議の国のアリス。来場者とかキャストとかに声かけてもらって、すごくうれしかった。

おとうと

小学校入学

PRIMARY SCHOOL

わたくし卒園！

✦ 小学校高学年〜中学校：恋も部活もがんばるボーイッシュ期 ✦

小学校卒業

パパが消えた…!!

1回休み

マラソン大会で裏切られる

足の遅い男子が「一緒にゆっくり走ろうな」って約束してくれたのに気付いたら引き離されてた。

1マスもどる

弟と少年団野球チームに入る

よくサンサン広場でキャッチボールしてたな。

BASEBALL TEAM

初めて彼氏ができる

あぜみちを一緒に下校するのが楽しかったな♡

ビワイチに初挑戦

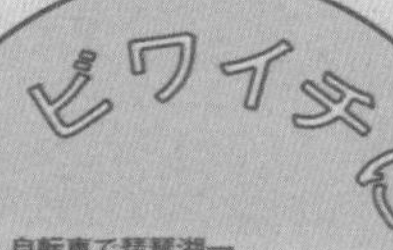

自転車で琵琶湖一周200kmのサイクリングルートを、キャンプしながら2日かけて走った！

NEXT!
中学校入学
アヴリルに憧れる
中2まではボーイッシュな感じが好きで髪型はツーブロックやった。女子の後輩とか同性からモテてたな。
男子に交じって野球部に入部
男子部員しかいなかったから目立ってた。練習試合で相手チームから「女子がおる」って注目されてちょっとうれしかったな。
志賀
BASEBALL CLUB
野球の試合に出場し人生初のホームラン
MUMEI SUGOROKU
ガンプラにハマる
好きな人に彼女がいて初めての片思い
1回休み
学校の近くのたまり場で猫アレルギー発症
くしゃみが止まらず3マスもどる
びわ湖バレイでスノボデビュー
SNOW BOARD
U.C.0093 NEO ZEON

中学校～現在：ついに！ TikTokerむめい爆誕

学芸会でヒロインを演じる

中2のときはアリエル、中3のときはジャスミンの役をやったな。

TikTokに出合う

ママから生ハム禁止令が出る

ITパスポート試験に落ちまくる

高校入学

情報処理研究部に入部し幽霊部員に

MUMEI SUGOROKU

HIGH SHCOOL

TikTokに本腰を入れる

せみの抜け殻をSNSにアップする

めっちゃよく撮れた写真やったからショックやった。それ以来、虫の写真を上げるのはやめた(笑)。

顔がむくみ 4マスもどる

フォロワー3000人減って 2回休み

生ハム解禁！

念願の鼻整形！

コロナ禍と重なって学校生活はずっとマスクやったから、だれにも気づかれんかった。高2のときにはオープンにした。

MY WISH CAME TRUE.

長年片思いしていた彼と付き合うことに！

2マス進む

ローストビーフにハマる

中学生活を最後まで満喫して2マス進む

彼氏がいるのに告られて浮かれる

断り方がわからなくて、曖昧な返事をしたら「八方美人やな」って言われて。言葉の意味知らんくてホメ言葉やと思って「ありがとう」って返した(笑)。

推薦入試で早めに進路が決まる

中学卒業

体育祭の写真がバズる

ファンを眼前に感極まり3マス進む

高校卒業

初めての生誕祭

通信制大学入学

登校日もあるんやけど、人付き合いが不安すぎて、まだ登校できてない……。

イマココ

TO BE CONTINUED...

今まで ものたち 10

どおりのものから、ちょっぴり意外なものまで、そのきっかけや活動を紹介します。

1 ベース

期間：約5年　ハマり度：★★★

きっかけはプレステの『ロックスミス』っていうゲーム。小学校の音楽集会でギターを練習したことがあったけど、女子がベースでバンドを支えてる感じ、かっこよくね?って思ってベースに挑戦。家族でYouTubeできたらええなって軽いノリで、月に一度くらいはスタジオ練習もしてたな。

2 コーヒー

期間：約1年　ハマり度：★★★

子どものころは苦くて好きじゃなかったけど、アイスコーヒーがだんだんおいしくなって、中学のときに淹れ方や飲み比べのワークショップに参加。そしたら淹れるほうにもハマって、ハンドドリップの器具を一式揃えて、朝、豆を挽いてコーヒーを淹れるのが日課になってた。

3 野球

期間：約5年　ハマり度：★★

守備はセカンド。打順は、練習試合では4番だけどガチの試合ではベンチ(笑)。キャッチボールとか遠投が楽しかったけど、成長とともに男子との体力の差が大きくなり、練習の筋トレとか走り込みがつらくてだんだんとサボるように……。

＼ばっちこい!!／

4 ゴルフ

期間：約4年　ハマり度：★★

事務所の代表から誘われたのがきっかけで、高1のときはほぼ毎日練習してた。グリーンではしゃいだり撮影したりして注意されたり、うまくいかんくてクラブを投げたときにはめっちゃ怒られて、紳士のスポーツと言われる理由を実感した。集中力が必要なパターは苦手で、瞬発力で打つドライバーが好きやな。

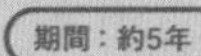

5 燻製

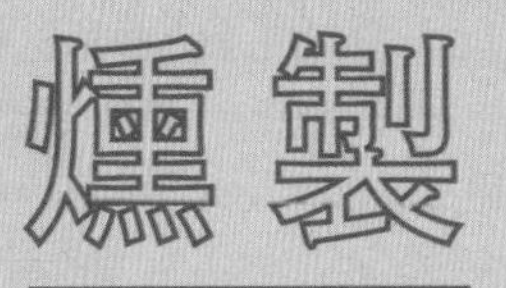

期間：約半年　ハマり度：★

きっかけは家族でやったキャンプ。段ボール製の燻製作り用の箱を使って、肉、チーズ、ソーセージ、枝豆、ゆで卵、鶏のささみとかを、実験感覚で試すのが楽しかった。箱を開けるときに煙にまみれるのがいややったな(笑)。

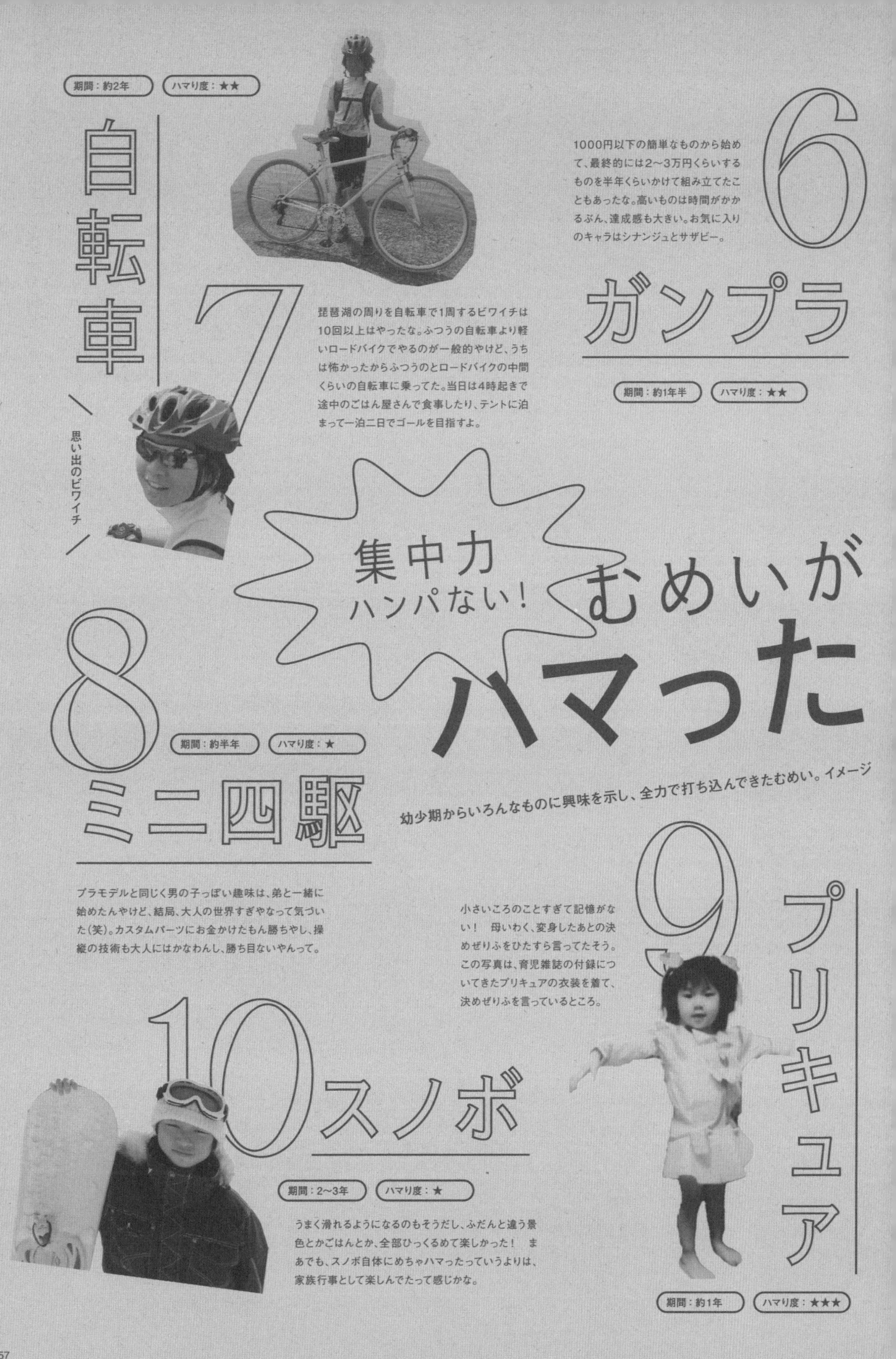

幼少期からいろんなものに興味を示し、全力で打ち込んできたむめい。イメージ

集中力ハンパない！ むめいがハマった

6 ガンプラ

期間：約1年半　ハマり度：★★

1000円以下の簡単なものから始めて、最終的には2～3万円くらいするものを半年くらいかけて組み立てたこともあったな。高いものは時間がかかるぶん、達成感も大きい。お気に入りのキャラはシナンジュとサザビー。

7 自転車

期間：約2年　ハマり度：★★

琵琶湖の周りを自転車で1周するビワイチは10回以上はやったな。ふつうの自転車より軽いロードバイクでやるのが一般的やけど、うちは怖かったからふつうのとロードバイクの中間くらいの自転車に乗ってた。当日は4時起きで途中のごはん屋さんで食事したり、テントに泊まって一泊二日でゴールを目指すよ。

思い出のビワイチ

8 ミニ四駆

期間：約半年　ハマり度：★

プラモデルと同じく男の子っぽい趣味は、弟と一緒に始めたんやけど、結局、大人の世界すぎやなって気づいた(笑)。カスタムパーツにお金かけたもん勝ちやし、操縦の技術も大人にはかなわんし、勝ち目ないやんって。

9 プリキュア

期間：約1年　ハマり度：★★★

小さいころのことすぎて記憶がない！　母いわく、変身したあとの決めぜりふをひたすら言ってたそう。この写真は、育児雑誌の付録についてきたプリキュアの衣装を着て、決めぜりふを言っているところ。

10 スノボ

期間：2～3年　ハマり度：★

うまく滑れるようになるのもそうだし、ふだんと違う景色とかごはんとか、全部ひっくるめて楽しかった！　まあでも、スノボ自体にめちゃハマったっていうよりは、家族行事として楽しんでたって感じかな。

あのとき、あの瞬間を再現してみました

BACK TO THE PAST

思い出写真にタイプリープ！

写真に写ったあのころの自分を、大人になったむめいが再現！ 大好きだったプリキュアコスと、
今でも仲良しのおばあちゃんとの写真を選定しました。“表情管理のむめい”がさすがの完コピです！

2007 >>

おとうと

むめい 3歳
大好きなおばあちゃんと

童心に返っておばあちゃんに抱っこ。当時の写真と一番の違いは、ふたりの孫の成長ぶり。写真を見本に、体勢や座り位置、座り方など微調整し再現しました。

2024 >>

家族そろって！

おとうと

むめい 4歳
自分をプリキュアと信じていた

2008 >>

平成のむめいが扮しているのは『Yes！プリキュア5』のキュアドリームですが、令和のむめいは『ひろがるスカイ！プリキュア』のキュアプリズムに扮しました。

2024 >>

証拠写真続々。あの噂は本当だった！「食べるの大好き」伝説

酒のつまみになるものにハマりがち。将来、のんべえ決定!?

子どものころから、
ハマるとそればっかり食べるって
いう習性があって、今まで数々のブームがあった
な。ローストビーフ、生ハム、ユッケ、肩ロース……。酒の
つまみになるものばっかりやな。きゅうりの一本漬けに
ハマったときは、小学生なのに自分でつくるくらいの
凝りようやった(笑)。今ハマってるのは、ドンキで
売ってる「けんこうカムカム」っていういかゲソ。
駄菓子屋さんで売ってるような大きい容器で買うから
毎日食べてる。あと八ツ橋! あんこが入ってなくて焼いて
ある八ツ橋を、東京に行く新幹線に乗るときにたまたま
買ってからハマって、新幹線に乗るときは必ず
買うほど気に入った。しょっぱいものにハマり
がちやから、人前に出る前日は控えるよう
にはしてる。顔のむくみがやばいことに
なるから(笑)。

EAT! EAT! EAT!

あがったりさがったり。実は一途なんです

禁断の「恋愛遍歴」

初めて彼氏ができた小学時代、モテに走った中学時代、自らに恋愛禁止を課した高校時代……!?むめいの人生を恋愛視点で振り返ってみました。

年長
ツンデレな男子に初恋

小4
初めての彼氏ができる

小6
彼氏がいるのに告られ、揺れる

中1
男女から結構モテた

中1
彼女持ちの男子に片想い

中2
モテようと努力する

中2
片思いの相手との恋が成就

中3
中学卒業を機に彼とお別れ

高1
TikTok開始を機に恋愛を遠ざける

思春期のころのモテ願望はデビューとともに封印!

恋愛に対しては、自分の意思とか理想とかが全然ないな。憧れのデートとか行きたい場所とかもない。自分がどうしたいかよりも相手が楽しめてるかどうかばっかり気になってしまうから、ひとりのほうが楽やんって思ってしまって。

思い返すと、高校生で本格的にTikTokをやるようになったころから恋愛を遠ざけるようになってたな。異性に限らず、校内で知らん人から「あれがむめいやで」とか噂される存在になってたから、なるべく友だちと一緒に行動して、知らん人から話しかけられないようにしてたし、ひとりでいるときは気づかれへんように、イヤホンしてフードをかぶってうつむいて、もし気づかれても話しかけにくいオーラを醸し出してたかも。噂が立つこととか、"むめい"としてどう見られるかを気にして、本当に信頼できる限られた友だちにしか素は見せなかったから、リア友の記念日ストーリーとか見ていいなと思いながらも、恋愛は封印。告られても断ってたし。でも、中学まではそんなことなかった。小4くらいからおしゃれに興味が出てきて、朝の4時から2時間以上かけてヘアセットをするようになったり、彼氏ができたり……。中学のときは、モテる方法をYouTubeとかで調べて、彼氏がいてもモテようとしていたし、彼氏以外の男子から告られてもうれしかった。今思うとクズやなって。反省してます。

今は、子どものころと違ってすごく人見知りやし、母親からも「意外とガード固いよな」って言われる。恋愛に対してあまり積極的になれないという気持ちの表れかな。結婚はまだまだ先やけど、憧れとかは全然ない。正直、結婚しんくてもよくない??

DIGITAL RÉSUMÉ

TikToker むめいはこうして生まれた

デジタル履歴

意外にも、遅かったスマホデビュー、厳しかったSNSルール、内緒ではじめたTikTok……。"むめい"が誕生するまでの軌跡をデジタルコンテンツでひもときます。

ふりがな	むめい
氏名	MUMEI
年齢	19歳
誕生日	2004年8月20日
血液型	O型
出身地	滋賀県

幼稚園 年長	ニンテンドーDSを買ってもらう
小1	おもちゃのスマホを買ってもらう
小2	お母さんのPCで『マイクラ』やYouTubeのゲーム実況鑑賞
小3	友だちのスマホでミクチャ鑑賞
小5	ニンテンドー3DSとWiiで、ゲーム三昧
中1	スマホデビュー。ネット使用は音楽と調べ物だけで3年間過ごす
中3	ついにSNS解禁。お母さんのアカウントでTikTok初投稿
高1	TikTokフォロワー1万人達成を機に、自分のアカウントで投稿開始
高3	17LIVE、LINE LIVEなどでライブ配信

現在に至る

母親のアカウントでTikTokフォロワー1万人超え!?

実は自分用のスマホを買ってもらったのは中1。でも、ネットは調べ物と音楽を聴くときだけって決まりだったし、最低限の通信量だから、家のWi-Fiに接続して使ってた。友だちとのLINEも含めてSNSはいっさい禁止だったし厳しかったと思う。でも、小学生までは家のタブレットでYouTube、ニコ生、ミクチャ、TikTokとか見てたし、ゲームはWiiとかDSだけじゃなくて母親のパソコンでマイクラやってたくらいだから、ギャップがすごいよな。禁止されても興味はあるから、内緒でちょこちょこ見てはいた（笑）。TikTok投稿を始めたのは中3の終わりくらいかなぁ。自分のスマホはアプリを入れたらだめだから、母親のアカウントでやってたの。そしたらバレて（笑）。すでにフォロワーが1万人超えてたから「いいやん。すごいことやで。もったいない」って説得して。それで、初めて自分のアカウントを開設して「久しぶり」って初投稿した。「初めてなのに久しぶりってなんで？」みたいなコメントにも答えてなかったから、今、初めて明かしたかも。

Mumei's History

おわり♡

Artist Mumeixxx

Event Report 2023

アーティストむめいについて

19歳の誕生日当日に行われた、初の単独イベント『むめい生誕祭2023』では、ダンサーを従え、本格的なライブパフォーマンス。
アーティストとしての一面を披露したよ。「歌うことも踊ることも大好き！」なむめい。その目指すところは？

『むめい生誕祭2023』
2023年8月20日（日）@Spotify O-Crest

SETLIST 1. バッチン×らびゅ 2.IF 3. 堂々

もっといろいろなジャンルの曲を出して
もっと大きな会場でライブをしたい!

――イベントを終えた〝アーティストむめい〟に直撃！

「小さい頃から歌うことや踊ることが好きで、自然と楽器にも触れてきて、いつか自分もステージに立ってみたいという思いはずっと持っていたんです。だから今、アーティスト活動ができていることは素直にうれしいし、自分の生誕祭を開催して、ファンのみなさんの前でライブができたことは感慨深い！　普段のSNSの活動とは異なり、イベントは〝無加工〟の恐怖もあるので、実は本番前は不安でいっぱいだったんですよ。でもステージに出た瞬間、みなさんが盛り上がってくれたのでホッとしたし、感動して、涙が出てしまいました。

リハーサルでは、こう踊ったらかっこいいかな、ここで髪をバサッとやったほうがいいかな……と、いろいろイメージしながら練習して。パフォーマンスが始まってしまえば緊張することはなく、すごく楽しい時間だった。生誕祭のステージのおかげで、すごく吹っ切れて自信がつき、他のイベントも前向きに参加できるようになった気がしますね。

今後は、ボカロ系やポップな曲、バンドナンバーなど、幅広くいろんなジャンルの曲を出していきたいし、大きな会場でライブも開催したい。将来的には、アーティスト活動がメインの仕事になったらいいな！」

MUMEI

Artist Mumeixxx

************ Event Report ************

『むめい生誕祭2023』
レポート

2023年8月20日（日）
@Spotify O-Crest

トークやゲーム、ライブにTikTok撮影、最後はお見送りと、イベントは内容盛りだくさん！　むめいの誕生日を祝うために、たくさんのむめ民が集まってくれました。

Event Report
（1）
****

リハーサルでは念入りに音響や振りのチェック

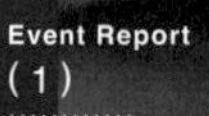

少しの音の違和感にも敏感。細かい振りの確認など、妥協することなくしっかりと準備。

Event Report
（2）
****

スタッフと円陣を組んでいざステージへ！

この日ももちろん自前メイク！「緊張はしてないけど、不安はちょっとあるかも……」とポツリ。

Event Report
（3）
****

温かい声援に感極まって登場直後に涙！

まさかオープニングで泣くとは思わず、むめい自身もビックリ！　会場からは「早いよー!」の声が（笑）。

Event Report
（4）
****

会場一体となってトークやゲームを楽しみました

「もらったら一番うれしいプレゼントは?」の質問には“手紙”と答え、「保管場所がいっぱいになるまで欲しい!」とお願いする場面も。

Event Report
（5）
****

TikTokの生撮影＆リアルタイムで投稿！

客席をバックにステージ上で撮影し、その場で投稿。1コメを取るため、会場でスマホに夢中になるむめ民たち（笑）。

Event Report
（6）
****

バースデイソングと共に特製ケーキが登場！

大きなケーキを前に「これ全部食べていい?」と興奮気味（笑）。お馴染みのばっちんぴゅーんポーズで記念撮影!

Event Report
（7）
****

感謝の気持ちを込めてむめいから手紙の贈り物

「これからも友達みたいに仲良く、そして応援よろしくお願いします!」と笑顔を見せていました。

Event Report
（8）
****

イベント終了後出口でみなさんと握手＆お見送り

「ひさしぶり!」「ありがとう～」「またね!」と、ひとりひとりの目を見ながら、とてもフレンドリーに会話している姿が印象的でした。

ぜ〜んぶ、ファンのみなさんが考えました一！

むめいで大喜利大会

ここに紹介したのは、SNSとオンラインサロンでお題目を出題し、寄せられたファンの方々からの回答。
真面目な回答もあればクスッと笑っちゃう回答もありますが、どれも“むめい愛”に溢れています。

お題 01 むめいであいうえお作文

「む」「め」「い」の文字から始まる3つの文章でむめいのことを説明しよう。制約のなかで知恵を絞った作品が光る！

む むっちゃ
め めっちゃ
い 陰キャ
正解!

む 無垢で屈託の無い笑顔と
め 目の輝きはまさに
い 一番星の生まれ変わり
うちの子にならないか?

む むちむちで
め めんこい
い 異端児

む 無敵のルックスと
め 明晰な思考を持ち合わせた
い 威風堂々ガール
革新的なステップで♪

む 夢中にさせる
め 目が離せない
い 一番の存在
一番うれしい言葉

む 無邪気なところも
め めっちゃかわいい
い インフルエンサー

む 無限に
め 飯
い イケる
それはそう

む むっちゃかわいい
め めっちゃかわいい
い いちばんかわいい
適当に考えたやろ

む 無敵の笑顔とルックスで
め 目にした人たち全員を
い 射止める無敵の女の子

む 無敵の
め めっちゃ
い いいやつ
適当に考えたやろ2

む むちむちで
め メンタルが強い
い いいオンナ

む 無敵の笑顔
め メイクじょーず
い 異次元の顔面偏差値

む 難しいこと考えてるふりして食べ物のこと考えてる
め 飯食べてるときに次食べるものを考えてる
い 一度食べたものは死ぬまで忘れない
食べ物への執着心

む むりむりと
め めんどくさいことを
い いやがる

む むっちゃくちゃ
め 目の保養に
い いいんだよね

む 無重力な
め メントスコーラ
い 一気飲み
たぶん人違いだと思います

Essay about mumei

お題 02 むめいが大嫌いな絶叫マシンに乗った！ なぜ？

大嫌いなものを克服するなんてよほどの理由があるはずなのに、回答はとってもくだらないものばかり（笑）。

♥ ドライヤーがガチでだるかった
ドライヤーの音く絶叫の声量

♥ 猫同伴OKだった
猫アレルギーやねん

♥ 隣がイケメンだった
♥ 好きな男子の隣りでバブみアピール
だとしたら叫ぶところ見られたくないから乗らない！

♥ 弟が乗れたよマウント取ってきた
ムカつくなー（笑）

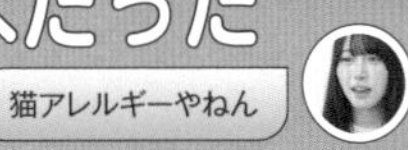

♥ ご褒美がユッケだった

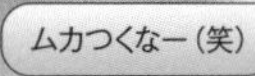

♥ 雪見だいふくをおごってもらった

♥ 大人たちの圧力を感じたから

♥ ポテチもらえる

♥ そこにダイヤの剣があったから

Mumei

What are mumei saying?
下から覗くな
その発想出てくるの変態
お月見団子をここに封印
ハンドパワー
召喚魔法……。
いでよ雪見だいふく
ごめんなさい、きゅうりの模様いい感じなんで
話しかけないでもらっていいですか？
普通に笑った
じゃんけんパー
全力でじゃんけんするのが私の務め
ひき肉です
6時10分をお知らせします
全力でお知らせするのが私の務め
ブラジルの人〜、おらに力を〜
さっき取った太陽、ちと、
ここに置かせてもろて
出てこい！　未来の旦那さん
今、セルフ光合成中やから
話しかけんといて
草生える
月に代わって
お仕置きよ
これやっとかないと寝れません
私のナイトルーティン
私のファン集めてみた
再生回数5万
100円みっけ、ラッキー
あカラコン落ちちゃった
あらかわいい
へぇーけっこうあったかい
お題
03
むめいのセリフを考えよう
大阪の商業施設ハービスの光る地面でポーズを撮った一枚と、
本書の撮影中に撮ったぼっちな一枚。この状況、何に例える？
えっ？
だれもAに来ないんだけど？
正解Bなの？
GA●KT 来ますように
テーブル買い忘れた
四天王待ち!!
あーあ、今回のデスゲームも
つまんなかったな〜
ゲームマスターで草
あかん、
確実に時間と場所間違えとる
あいつらドリンクバー行って
もう1週間経ったやんな？
誰か椅子取りゲームしようよ〜
2番りんご星人です
よろしくお願いします
ここエアコンの
風あたらない
私、ほんとに無名なんだ
初心に返るのは大事
エアコン3つがいいって
言ったのに！
みんなまだ来てないやんな…
そうやんな？
私、人狼だったのに
市民おらんやん
さぁこの中から選ぶんじゃ
終電…なくなっちゃったね

お題 09

むめいの似顔絵描いて！

青春感じる制服姿、代名詞の猫耳をはじめ、
それぞれが切り取ったさまざまなむめいの表情が集まりました。

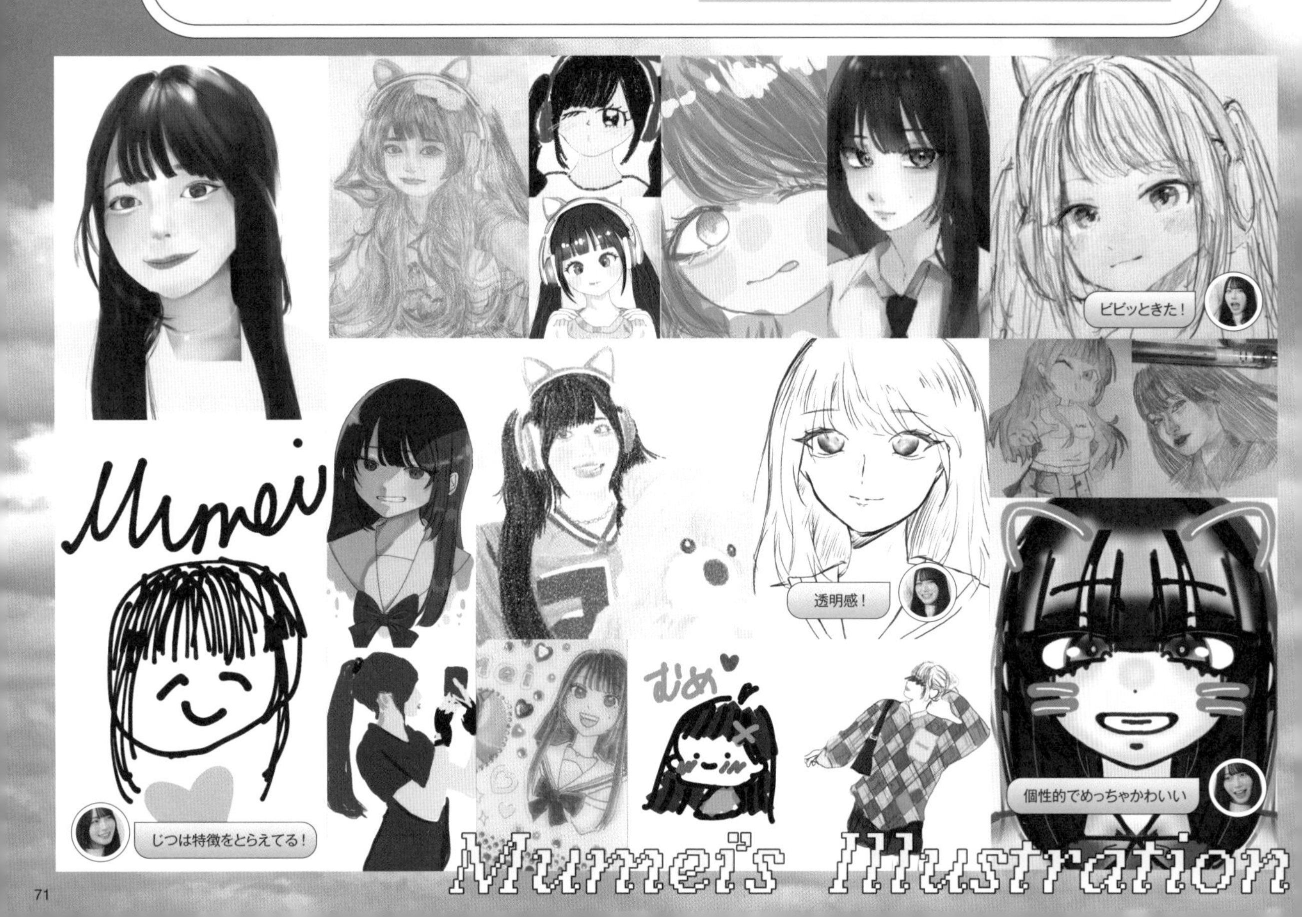

commentary by mumei!

思い出、バズった、大変だった……！　本人が選んで振り返ります

TikTok お気に入り動画 本人解説

一番バズった動画は？　思い出深い動画は？
一番まわった動画は？
いろんな角度で選んだお気に入り動画を、
本人が解説します。
動画制作中の裏話を知れば、
あの動画が、もう一度見たくなる！

エフェクトじゃない雪

雪が降った日の放課後に急いで撮った動画。風がめちゃくちゃ強かったので何度も撮り直したから、NG バージョンも投稿。見比べて違いを楽しんでほしいな。

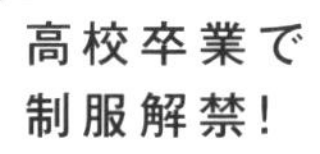

高校卒業で制服解禁！

高校卒業を機にそれまで公開していなかった学校の制服を公開。卒業式の日に撮ったリア友との動画を Mumei のアカウントに投稿できた、とっても大事な思い出。

おとなしい女の子が変身

構成、撮影、編集まで全部ひとりでやったので、途中「ひとりで何してるんやろ?」って思った瞬間があったけど（笑）、思い通りにできあがって大満足。

落ちるような動きに注目

人気の高い動画のひとつ。ボブヘアのイメージはこの動画で定着したんかなと。落ちるような動きは、みんなも真似してくれるようになったのがうれしい。

表情が一瞬で変わるところに注目

これは表情管理が好評だった。口から出した紙が想定外な方向に落ちたことに対してつっこみのコメントが多かったな。再生回数は３番目に多かった。

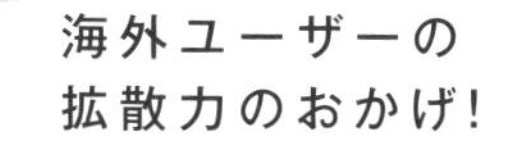

海外ユーザーの拡散力のおかげ!

一番バズった動画。私の動画を海外の方がアレンジしてさらにバズっていたので、そのアンサー動画として投稿したら、最初の動画をはるかに超える再生数に!

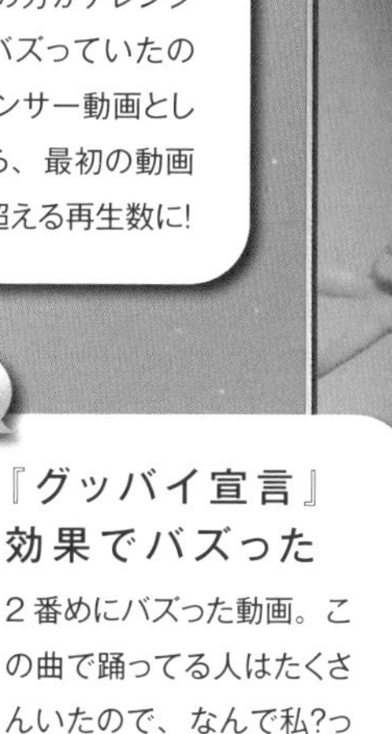

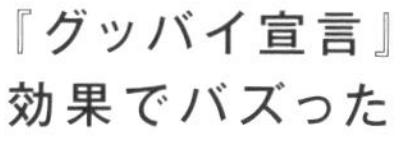

『グッバイ宣言』効果でバズった

２番めにバズった動画。この曲で踊ってる人はたくさんいたので、なんで私?って感じやな。素朴な女の子が振り付けを間違えるところがウケたのかな?

★MUMEI's ROOM★

隅から隅までガサ入れ！

指令「むめい部屋を攻略せよ！」

100KバズのTikTok動画が昼夜生まれている、むめいのお部屋。
画面で見えないところには何が隠れている!?
まだ見ぬむめいのリアルを求めて、いざ潜入！

むめい部屋に突撃！

動画のためにプチ改装！「白」を基調にしてるよ

もともと壁紙がダサめの花柄だったお部屋。動画で背景になったとき、どんな衣装でも映えるように白いお部屋にしたくて、壁や家具を自分で白のペンキで塗りつぶしたんだ。いつもベッドに寝転ぶか、デスクチェアでスマホいじって、だら～んと過ごしてる。

見取り図

illustration by mumei

04
03
01
02

MUMEI'S ROOM
STAGE 01

BED

ホワイトを基調に清潔感とおしゃれさ重視！

動画に映るところは女子っぽさを意識

ベッドシーツや枕カバーは憧れのFrancfrancで統一して、理想的なかわいいベッドに♡ お菓子を貪りながらゴロ寝してる。

Mumei's Bed

必ずお菓子をひとつ近くに置いておく

枕元には、寝ながら食べられるようにお菓子を常備。水を1日2ℓ飲むのがいいと聞いて置いてるけど、全然飲み切れないよ～。

クマの『えび』、定位置はここ！

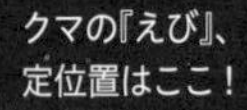

よく動画に登場しているクマのぬいぐるみは、もう売られていないものだから、とっても大事にしてる。クマっぽくない名前をつけたくて、なんとなく『えび』に。

Mumei's Room Tour.

MUMEI'S ROOM STAGE 02

WALL

動画の背景は「シンプル＆おしゃれ」が鉄則

Mumei's Wall

友達からもらったお花の絵が自慢！

去年の誕生日にいつメンのひとりが描いてプレゼントしてくれた。むめいといえば、で青のお花にしてくれたの！ うれしかったな〜。

もらった絵をどうしても壁に飾りたくて。でも絵のサイズが小さいから、バランスをとるためにFrancfrancで買ったウォールアートをプラス。

地味めな青色無地からレース付きに

TikTok動画の背景にしてるカーテンは、ファンの方からもらったギフトカードで購入。朝になると星形の穴から光が入って、キラキラして見える！

MUMEI'S ROOM STAGE 03

DESK

撮影や配信に使うものはデスク周りに集中！

デスクは勉強机からメイクスペースに

教科書たちを和室に放り込んで、今はメイクスペースとして使ってる。もとは茶色だった天板を、部屋に合わせて自分で白に塗ったよ。

TikTok動画に使う3種の神器です

デスクの横には、大小のリングライトと全身鏡を。TikTokの撮影になくてはならないもので、いつでも撮れるように常に出しておいてる。

メイク後に流れで使うからデスクの近くに置いてるよ

デスク横の出窓に、ヘアアイロンやドライヤー一式を並べてる。ファンの方にもらったマイクラのコースターもいっしょに。

1軍コスメやカラコンはシーインのクリアケースに、プリは無印良品のペンケースに収納。透明だとパッと見てわかりやすいから愛用してる。

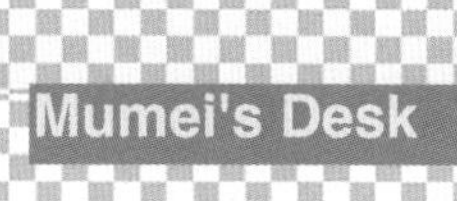

Mumei's Desk

こまごましたものは透明ケースに入れて整頓

ケースに入れたフェイスパックはぜ〜んぶプレゼントでもらったもの。焼肉の匂いがするっていう意味わからん入浴剤は、怖くてまだ使えてない……（笑）。

MUMEI'S ROOM
STAGE 04

CLOSET

むめいの「捨てられない」が詰まってます

我ながら完璧に塗ったつもりが……

もともと茶色だった扉をペンキで白く塗ったんだけど、うっかり部屋のドアにつけちゃった。恥ずかしいからいつか上塗りする予定。

コスチューム類はコーデごとに紙袋へ

コスプレや舞台衣装は、ガサッと紙袋に収納。ウィッグは一軍だけ厳選して、取り出しやすいように手前の引き出しの中に入れてるよ。

WAO!

段ボールにまとめて隠し持ってます

みんながくれたお菓子は、家族に取られないように自分の部屋に。滅多に測らないけど一応体重計も置いてる。意識だけは高いよ(笑)。

CLOSET

バッグは隙間にぎゅーっと押し込む

こうして並べてみると、すごくモノトーン！ どんな洋服にも合うようにと思って選ぶと、だいたい白か黒を買っちゃうんだよね。

Mumei's Closet

Mumei's Room Tour.

古参のみんなのために、まだ残してあるよ

昔の配信で使ってたフィギュアとヘアバンド。わかるみんなはうれしいでしょ!? 水で膨らむうんちのおもちゃは、瓶に入れたまま2年放置してて、開けるの怖い……。

学校の思い出グッズも捨てられない

高校の体育祭のとき、友達と一緒に手作りした応援グッズ。これは「Mumei」って書いてるけど、本名バージョンもあるよ。実は応援団の副団長やってました♡

クローゼットの中を探ってみたら、「ナニコレ!?」なものをザクザク発掘!

おばあちゃんお手製の編み物雑貨たち

編み物が趣味のおばあちゃんが作ってくれた、ヘアバンド、スマホケース、ニット帽など。今はクマの『えび』のでかいバージョンをお願い中。

USJのカチューシャを大量に持ってる!

パークでの必需品たちは、スヌーピー帽の中に入れて収納。広げてみて気づいたけど、ダブって買っちゃってるものが……。こそっとディズニーも交じってます。

お菓子を食べる時間がなにより幸せっ！　実は食べる時もむめい流のこだわりがあるんです!
人の前ではあんまりやらない、ちょっと変わった(?)食べ方、見てって〜(笑)。

白い風船 あるある!

クリーム２倍で幸福も２倍

ひとつのサンドに、もう片方のクリームを集めた贅沢な白い風船をつくってパク♡ 片方はクリームなしだけど、それはそれでうまい（笑）。

アルフォート あるある!

はみ出たチョコを先にかじる

クッキーがついてないチョコ部分を先に歯でカジカジ…。きれいにまわりのチョコを食べたあとは、残りをひと口でパクリ。

まだまだ! お菓子あるある

「パピコ」はふたつ同時に口に入れる。ちなみにフタに残ったアイスはママにあげるよ（笑）／「カプリコ」は頭のイチゴチョコをうま〜く食べて、中のチョコを救出。／「エンゼルパイ」はマシュマロをどこまで伸ばせるかの孤独な戦い…。／「じゃがりこ」は横向きにして側面だけをポリポリ…。片面を残したまま１本食べ切れたら勝ち!

むめいのお菓子
Mumei's LOVE SWEETS

アポロあるある!

チョコとイチゴチョコは前歯で分解

前歯で底のチョコだけを先にかじる。やってみるとわかるけど、これが意外と難しい〜。パキってきれいに割れると超うれしい。

雪見だいふくあるある!

アイスを先食べ、もちは後食べ

雪見だいふくはアイスより、皮のもちが好き。もちを最後に食べたいから、アイスを先に吸う（笑）。これは人前では絶対にできない。

まだまだ! お菓子あるある

「ポッキー」は、横向きにしてチョコを舐め回す（笑）。折れる前に舐めきるのが意外と大変!／「たけのこの里」もチョコを先に舐める。「きのこの山」は、チョコとクッキーに簡単に分解できるから「たけのこの里」派♡／駄菓子の「きびだんご」は、まわりのオブラートだけを先に食べる。口の中に粘膜ができるみたいな食感が好き（笑）。

いつも一緒♡ 親子以上のふたりの赤裸々トーク!!!

ママとおしゃべり

実は、むめいのマネージャーでもあるお母さん。
プライベートでも仕事でも24時間一緒にいるふたりに同時インタビュー。
息ぴったりのツッコミがおもしろすぎやー！

関係性は仲良し姉妹

——ふたりの関係を〝親子〟以外の言葉で表すなら？

むめい 姉妹？

ママ 姉妹が近いかもしれないですね。

むめい 双子っていうのは言いすぎやしな。

ママ そこは違うな。やっぱり上下関係はあるし……（笑）。

むめい そこ（笑）？

ママ 親子の場合、子どもには言えないことだったり、子どもも親に言えないことがあったりすると思うけど、それがないってことはわりと姉妹の関係性に近いのかなって。イヤなことも言うし、いいことは素直に褒められる。そんな関係ですね。

むめい 隠し事ないしな。恋愛もほぼ全部言ってるから。

ママ そうやな（笑）。

むめい 周りもみんなそんなもんかと思っていて、友達に『何でもお母さんに相談してる』って言ったら、ドン引きされたこともあったけど、共感し合えるからなんでも話せちゃう。リップも一緒に使うし、服も共有するし。仕事先で泊まったホテルで、ひとつのベッドにふたりで寝ることも。

ママ アハハ。

むめい ふた部屋とっていても、遅刻すんの怖いしなーと思ってお母さんのほうに行く（笑）。

ママ 枕を持ってくるよな（笑）。

MOM

「言うたら自分はお母さんの若いバージョンやな（むめい）」

「私の代わりに人生を楽しんでる姿を見るのが幸せ（ママ）」

ふたりでお仕事

——一緒に仕事をすることで関係が深まったところもある？

むめい それはあるなぁ。

ママ 仕事してなかったら関係性も全然違うと思うし。でも、今の関係は楽しいですよ。音楽など、そもそも自分がやりたかったことをやってくれていて、そのフォローができていて、ほとんど一緒につくっている感じなので。だから、ガンダムで言うたら（むめいが）モビルスーツで……。

むめい わかるわかる。私が表向きの顔で、お母さんが操縦してくれんねん（笑）。

ママ エヴァ（『新世紀エヴァンゲリオン』）やったら、私がシンジくんで、『動け動け』って（笑）。

むめい 仕事でお母さんがいいひんときは不安になる。

ママ ひとりでは仕事に行かないよね。

むめい 絶対行かない。『ひとりで東京行けるやろ』って何回も言われてるけど、迷子になったら……とか考えると不安になるし。仕事でイヤなことがあっても、お母さんがいてくれたら共感し合えるから。

ママ あれはイヤやったなー、とかな。

むめい わかってもらえるって大きい。自分ひとりやったら、また違う悩みがいっぱいあったかもしれん。

今回撮影したプリはこちら！

『ルートミー』

きゅるっとした目&ほわっとした白肌が叶う、かわいいを極めた写りが人気の機種。撮影ブースには気分を盛り上げるリングライトも設置。「はっきり写るから盛れる♡」とむめいもお気に入り！「他の機種では『キューナナパーセント2』も好き！」。

撮影協力：フリュー

TALKING WITH MOTHER.

ふたりのケンカ

――ケンカすることは？

ママ　話が噛み合わへんときとか、ケンカします。

むめい　たしかに。でも、すぐに解決するな。

ママ　『こうしたほうがいいってさっき言ったやん』、『もういいわ、やるわ』みたいな感じで言い合いして（笑）、5分ぐらいしゃべらんくなって。でも、しゃべらなくちゃいけない状況になるから……。

むめい　そしたらもう普通にしゃべってる。意地張ると余計に面倒くさいことになるんで、もうあっさり。『どうする？　ほんで』って（笑）。でも、お母さんに直してほしいとこもあるで。家の中で虫を見つけたときに、虫の退治を自分と弟に任せるのやめてほしい。

ママ　ムリやもん～。

むめい　できるやろ！　しかも、『ビックリすることあんで』とか、いいことを報告するように言ってきて。『なになに？』って行くとカメムシがいる、みたいな。マジでやめてほしい（笑）。自分でなんとかして。

ママ　こっちもね、改善してほしいことはありますよ。（むめいは）やりたいことは今やらないと気が済まない性格だから、それをこじらせるとけっこう拗ねてしまって。

むめい　自分がやりたいことに集中してるときはそのことで頭がいっぱいで、他のことを言われるとわからんくなるから……。スケジュールが変わったとか急に言われてもムリ。

ママ　でも、こっちもやらなあかんねんから。

むめい　そっちが大事っていうのもわかってんで。けど、今はこっちに集中してるから……って。

ママ　こういうやりとりが日常ですね。

「一番のファンとして、娘のライブを客席で観たい（ママ）」

「理解してもらえるって大きい。ママでよかった！（むめい）」

ママからのお願い

――今の活動に対して、反対されることはなかった？

むめい　それはほぼないですね。勉強に集中するためにSNSをちょっとやめろって、周りから言われたときも、お母さんは助けてくれる側だったし。

ママ　『やりたいんならやったらええ』と、子どもがやりたいことを優先させてきたと思います。

むめい　それに関して甘いよな。

ママ　めちゃくちゃ甘いな（笑）。

むめい　これをやりなさいって強要されたこともないし。人並みになればいいみたいな感じじゃない？

ママ　人様に迷惑をかけない、人並みになってくれたらそれでいい。

むめい　そうそう。

ママ　途中で父親がいなくなっているので、その分、可哀想な思いをさせていると思ってるから。

むめい　だから、両親が揃ってる家庭ぐらい幸せになれればいい、みたいな（笑）。

ママ　そこはすごく思ってます。

むめい　フォロワーさんからしたら、『あんなに楽しそうで幸せそうなむめいちゃん、お父さんいいひんの？』って衝撃受けるんじゃないかな（笑）。最近、周りではひとり暮らしを始める子も多いけど、自分はしたいと思ったことがなくて。何でも言える仲だし、いろいろ言われて面倒くさいみたいな煩わしさも全くないから。ただ、髪の毛を染めることとピアスを開けることだけはダメって言われてた。それだけは守ってますね。

ママ　これは本当に偏見なんですけど、父親のいない家庭の子どもが髪の毛を染めて、ピアスを開けていたら、それこそ……。

むめい　グレてるみたいな。

ママ　そう見られるのがすごくイヤなんです。そういう人の目を気にする部分は親子で似ているかもしれない。

むめい　マジで気にするな。そこまで周りは自分たちに興味ないんやろうけど（笑）。でも、お母さんがダメっていう理由もわかっていたし、実際に周りでそういうことで悪口を言われたりしてるのを聞いてた側なんで、そう見られんのや、と思って。今では、髪を染めない&ピアスを開けていないことを褒められることもあり、これは武器になるわと思って維持してますね。

この先の展望

――お互いを理解し合える、素敵な間柄ですね。

むめい　言うたら自分はお母さんの若いバージョンやな。

ママ　こんなに調子に乗ってなかったわ。もうちょっと謙虚やったもん。

むめい　マジで？

ママ　娘を見ていると、自分の代わりに遊んでくれてるみたいな感じですね。人生を楽しんでいる姿を見てるのが楽しくて、幸せ。

むめい　なんか深いなぁ～（笑）。

――今後、互いに望むことは？

ママ　難しいなぁ。

むめい　望むことはなんだい？　応えてやろう！

ママ　多くは望まへん。大きいことを望んだら、こっちも大きいことせなあかんから。負担が掛かるんで（笑）。

むめい　そっかそっか（笑）。

ママ　でも、なんやろなぁ……。ライブしている姿を客席に座って観たいかな。いちファンとして観たいです。いつも舞台袖から観ているので。

むめい　えぇー。そんなこと？

ママ　うん。一番のファンだと思っているので。

むめい　もう、子どもとして見てないやろ（笑）？

ママ　それはそう。そうじゃないと、マネージメントみたいなことはできないし。『これをしたらどう？』とか提案もできない！

むめい　たしかにな。不思議な関係やけど、ママでよかったなって思います。

「むめい」という鎧を脱ぎ捨てて、本音で語ってみました。

ほんとのむめい。

MUMEI'S INTERVIEW.

「プライベートを見られるのも、
本音を語るのもずっと怖かったけど、
今日は思い切って、
自分の素をさらしてみる」。
むめい、はじめてのガチ語り！

ひとつのことに全集中。不器用な人間なんです（笑）

負けず嫌いで猪突猛進な私

昔から、何か気になるものを見つけたらとことんハマる体質。突然、謎のスイッチが入り、集中が切れるまでやり続けるんですよね。スイッチが入る瞬間はいろいろあるけど、例えばTikTokで自分と同じ音源で踊っている人を見て、「自分やったらもうちょっとクオリティ高いものをつくれるな」と思うと、負けず嫌いの血が騒ぎ、納得いくものができるまでやり込んでしまう。そういう集中力は高いなって思う。この負けず嫌いな性格は小さいころからで、自分よりもかわいい髪型の子がいたら、自分もいろいろ試して、私のことも「かわいい」と言ってもらえたら満足、もうOK! みたいな感じで終わる（笑）。カラオケでも、「この曲はこの点数が出るまで歌う」と決めたら、出るまで歌う。クリアするまでの過程が楽しくて。自分の中で納得いく結果が出て満足するまで追求するタイプですね。ただ、ひとつのことに集中すると他のことは目に入らず、それを達成しないと次に進めない。仕事で何かひとつのことに没頭していたら、他のことは考えられなくなるので、仕事も勉強も恋愛も……と、すべてを両立することができんくて。そういう意味では不器用な人間やと思いますね（笑）。

メンタルの強さは長所のひとつ。小学生のころは傷つきやすくて、真逆やったんですけどね。ちょっとでも悪口を言われたら落ち込んでいたし。でも、野球などのスポーツを始めてから、どこか吹っ切れて。ネガティブなことを考えているのは時間の無駄やなと思い、傷つかなくなりました。今では、たとえSNSでアンチっぽい意見を言われたとしても、それをポジティブに捉えて参考にしてしまう。「顔周りの髪、多くね?」というコメントがあったら髪を減らしてみたり、「ここのダンス、ヘンやな」と言われたら、すぐにそこを直す。直したら、もっとみんなが見てくれるかもしれないと思うので。批判ではなく、アドバイスだと受け止めてる。それを受け止めへんかったら、流行りもわからなくなり、時代から遅れていってしまうし、人からの意見を取り入れなかったら、自分の成長もストップしてしまうと思うので。それに、自分の成長を感じるのもまた楽しいんです!

もちろん、ヘコんだり、気持ちがモヤモヤすることもありますよ。例えば、仕事で上京して、ちょっと伸びた前髪が気になったらすぐに切らないと気が済まない。お母さんに「家に帰ってからでいいやん」と言われても、ビジュが悪かったらどうしようと不安になってしまって……。人から何か言われてヘコむのではなく、自分が納得いくかどうかが大事なんですよ!

ちょっと気持ちが沈んでしまったときには、友だちと遊んで、ユニバに行って、寝る。そしたら自然とモヤモヤも消え、落ち込んでいたとしても気持ちがスッと晴れる（笑）。発散方法がわかっているのでラクですね。悩みを誰かに相談することはあまりないかな。ツラさを分け合えるのが友だち、みたいな考え方もあるけど、解決方法は自分でわかっているし、「もっと頼ってよ」と言われるけど、友だちとは楽しいことを共有できればそれでいいかなって。

人と関わるのが苦手なんです

短所は、人付き合いが苦手なこと。例えば、初対面の人と会って、話をして、別れたあとに、自分のことをいろいろ（悪く）言われてるんじゃないかとか、妄想が膨れ上がっちゃうんです。相手は絶対にそんなこと思ってないとわかっていても、もしかしたら……という思いがどんどん膨らんでしまう。人から何か言われて落ち込むタイプではないけど、そういう勝手な想像で気分が落ちてしまう可能性もあるので、それが怖くて、人付き合いを回避してしまう。人と関わらなければそういう気持ちにもならないので。恋愛もそう。そもそも付き合わなければ、別れたときの悲しみやツラさを味わうこともないから（笑）。〝防衛本能〟が働いているんやと思います。自分よりも人付き合いの上手な人がたくさんいると、その人たちとどうしても比べてしまうから、〝人付き合い〟というジャンルで勝負するのは諦めたみたいなところもあるかもしれない（笑）。だから中学以降はいろんな人と積極的に関わるのではなく、本当に仲いい友達だけでいいやと思うようになりました。

高校時代はお昼の時間をトイレで過ごしていたこともあるけど、それはシンプルにプライベートを見られるのがイヤやったんですよね。学校での自分とSNSでの自分は全然違うから、それも見られたくなくて。気を遣ってニコニコ笑っているよりも、トイレにいるほうがラクやし、疲れへんし。ひとりで休むために人がいない場所ってどこやろ? と思ったらトイレやっただけなんです（笑）。そもそも勉強が苦手やのに、人付き合いで疲弊してしまったら勉強もこなせへんなと思い、勉強に集中するためにとった策だったんですよね。

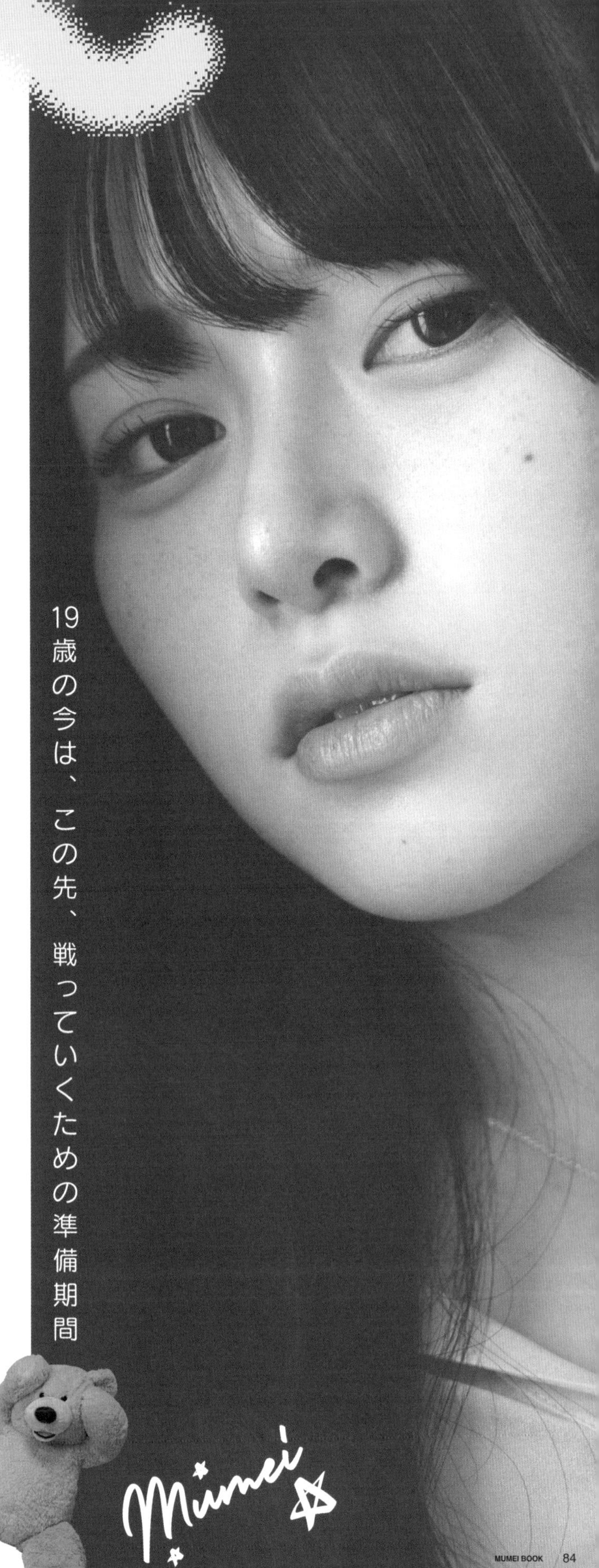

19歳の今は、この先、戦っていくための準備期間

運命のTikTokとの出合い

人生のターニングポイントは、やっぱり高校時代、TikTokに出合ったことかな。勉強がおろそかになるからSNSに集中したらあかんと思っていた時期もあったけど、気がつけばSNSにどんどん力を注いでいて。SNSと学業の両立を試してみたけどどちらも中途半端になってしまうし、いろいろ考えすぎて頭がパンクしそうやったんで、高2の後半、いったん、勉強をスパッとやめて、SNSに全集中したんです。そしたら、再生回数がめっちゃ伸びて、フォロワーさんからも「今日はなんかいいことあった?」と言われるようになって。気持ちがラクになり、それが表情にも出ていたんだと思います。逆に、勉強のことで悩んでいたときは表情が暗く、伸びもよくなかった。ひとつに絞ることで上手くいくことがわかってからは、勉強は最低限やって、SNSのほうに比重を置くことにしました。勉強から逃げたような形ではあるけど(笑)、逃げて成功することもあるのかなって思うし、結果、JKライフを楽しく過ごせたと思います。高校時代、人との付き合いはあまりなかったけど、友だちのような存在のフォロワーさんがいてくれたので、とても楽しい時間を過ごすことができたなって。今も、フォロワーさんのインスタライブを見たり、スタバの新メニューを教わったり、大好きなユニバの情報を共有したり。とても心地いい距離感なんです。もし、無人島にひとつだけ持って行くなら、フォロワーさん！ フォロワーさんと一緒やったら無人島ライフも楽しそう。いろんな職業の方がいるので、集まっていただけたら、すごい賑やかな島になりそうだなって(笑)。ゆくゆくは〝むめいの島〟に変えちゃって、自分のカフェなんかを開けたら最高！

もしもTikTokに出合っていなかったら、今ごろどうしていたんだろう……。あ、野球場のビールの売り子さんをやってみたいと思ったことはあります(笑)。以前、甲子園に行ったとき、みんなから必要とされている売り子さんたちがとても輝いて見えて。すごく大変なお仕事みたいだけど、みんなニコニコしてて、アイドルみたいやなーって。あ、でも、アイドルになりたい願望はないんですよ。自分がアイドルグループに所属する妄想をしたこともあるんですけど(笑)、負けず嫌いな性格が出ちゃって、人間関係とか上手くいかなそうだなって。それなら自分ひとりで、自分らしくやっていきたい。それに、どうしても自分ひとりではムリなときには、お母さんがいてくれるので(笑)。「がんばっていこうや」と一緒に戦ってくれる人が一番近くにいてくれるので、本当に心強いです。SNSでの発言に対しても、自分的には〝これぐらい大丈夫やろ〟と思ってお母さんに相談すると、「絶対あかん」と止めてくれる(笑)。お母さんのジャッジを判断基準にしているので、これからもよろしく！って感じですね(笑)。

19歳の「今」について

高校を卒業した今はSNSに集中できるので、毎日がめっちゃ楽しい。ありがたいことに仕事は順調やし、プライベートの時間もしっかり確保できている。ひとりの時間もあるし、すごくバランスがいいなって思います。この前もバズらせたい音源があって、一日中、ひとりでTikTokの編集をしていたんですけど、それこそが私にとってはリフレッシュの時間。他の人からしたら〝仕事〟と思うことも、自分にとっては息抜きのひとつなんです。

19歳の今は大人に向けての準備期間でもあるんかな。今はまだ10代というアドバンテージがあるけれど、この先、大人たちの中に入って戦っていくとなったらめちゃめちゃ大変やと思うんで、そのための準備段階。自分に必要なものを吸収して、武器を増やして、備えているところです。具体的に何に対して備えてるんかはわからんけど（笑）。今後、もっと活動の幅を広げていくためにも今、がんばっている感じですね。

じつは今、肩書を聞かれるとちょっと困ってしまう。理想は、〝YouTuberです〟と堂々と名乗れるようになること。そもそもTikTokを始めたのも、YouTubeを始めるための近道というか手段のひとつで。実際に始めてみたら、うれしいことにたくさんの人が見てくれて、応援してくれて、そのままYouTubeを始めようと思ったんですけど、コンプレックスでもあった自分の鼻についていろいろ言われてしまい……。そのときはさすがに傷ついて、YouTubeを始める前に思い立ち、整形して、今に繋がってる感じですね。目標はチャンネル登録者100万人を達成した配信者に贈られる金の盾！　これをいただけたら、自信を持ってYouTuberだと言えるなーって。

そして、これからのむめい

結局、私って〝承認欲求の塊〟なんです（笑）。今はフォロワーさんという存在があるから承認欲求も落ち着いていますが、最初のうちは〝自分を見て！〟という思いが強くて。それがエネルギーやモチベーションにもなっているんですけど。今は、モテたい欲求が強いかな（笑）。老若男女からモテたいです。

この本もたくさんの人に見てもらいたいし、私を応援してくれる人やフォロワーさんにも自分のことをもっと知ってもらえたらうれしいなって。自分にとって本を出すということは新たなチャレンジであり、歴史に残ったような感覚でもあるんです。昔から、社会の教科書に載っている歴史上の人物を見て、自分もこうなったらいいなーなんて妄想を密かに抱いていたので（笑）。動画とは違う、本という形で〝自分〟を残すことができたのはいい経験になりました。これまでプライベートを知られるのは怖いと思っていたけど、今回はかなり〝素〟の自分を出していて、ひとつ殻を破れたんかなって。SNSのように自分で発信するときは、〝むめい〟という鎧をかぶり、膜が張っているような感じだけど、今回はそれを全部脱ぎ捨てて、さらけ出した感じ。

改めて自分を振り返ることで、改めて気づくこともたくさん。例えば、「自分はすごく受け身な人間なんだな」ってこと。いろいろ積極的にトライしてるつもりやったけど、自分の好きな人としか一緒に過ごしてないなって。今後はもっと攻めの姿勢で、多くの人と関わって、活動の場を広げていきたい。SNSでの活動はもちろん、アーティスト活動も精力的にやっていきたいし、臆せず、いろんなことに挑戦していきたいです！

完璧な人間なんていない。
失敗しても0じゃない。

自分を認める事は自分らしく楽しく生きる方法。

はじめてのグラビア撮影、やってみた！

まどろみ

MUMEI IN THE ROOM

いつもと違う表情、素肌感のある服、やったことのないポーズ……
はずかしいかなって思ったけど、
すごく自然体な気がする。
もしかしたら、
こっちが"素のむめい"なのかな。

朝起きて、しばらくベッドでゴロゴロ。
半分起きて、半分眠って。
そんなキミをもう少しだけ、このまま見ていたい。
最高に気持ちいい、まどろみの時間。

「あと少し、あと1分！」
捕まえようとすると、するっと逃げていく、困らせることが好きなキミ。
無邪気な小悪魔に、やられっぱなしだ。

何が食べたい？と聞いたら
「ケーキをホールごと！」。
口いっぱいに頬張って食べているときのキミは
世界でいちばん、しあわせそうだ。

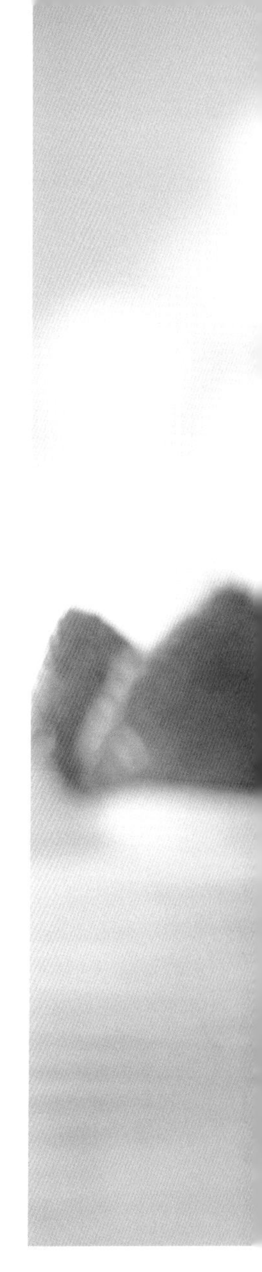

ふとした瞬間に、
見たことのない表情をする。
どきっとして、少しだけ寂しくなる。
大人のちょっと手前。
今のキミが、好きだから。

MESSAGE *From* MUMEI

私のスタイルブックを手にとってくれて、ありがとう!

みなさんの応援があり、スタイルブックを作ることが
できました!

これまでお話したことのない出来事や思い出を
たくさん語ったり、肌感のある衣装を着て初めて
撮影したり、あらためて毎日メイクをちゃんとみんなに
紹介したり……、新しいチャレンジをたくさんしました。

この一冊に私の今まで、そして、新しい私が詰まってます!!
これからも、新しいことに挑戦し続ける私でいたいと
思っています。

これからもあたたかく見守ってくれたら、うれしいです!

本当に、いつもありがとう。
これからも よろしくね。

PROFILE

Mumei（むめい）

2004年8月20日、滋賀県生まれ。2020年7月からTikTokへ本格投稿を開始し、「かわいすぎる」「中毒性がある」と話題に。現在SNSの総フォロワー数が500万人を超える、注目のインフルエンサー。

YouTubeにてオリジナルMVを公開するほか、「超十代 -ULTRA TEENS FES- 2023 @TOKYO」や「TGC teen」などのリアルイベントへの参加、LINEMOやXperiaなどとの企業コラボも行うなど多方面で活動中。

2023年8月20日の19歳の誕生日には、自身初めての単独イベントとなる「むめい生誕祭2023」を東京・渋谷にて開催した。

むめいです。

2024年3月14日　初版 第1刷発行

著者　Mumei（むめい）

発行者　神宮字 真
発行所　株式会社 小学館集英社プロダクション
東京都千代田区神田神保町 2-30 昭和ビル
編集　03-3515-6823
販売　03-3515-6901
https://books.shopro.co.jp
印刷・製本　シナノ印刷株式会社

Printed in Japan
ISBN978-4-7968-7374-1

STAFF

デザイン　坪本瑞希、栗原あずさ（P49-64）
撮影　神戸健太郎、上西由華（P65-68）、米玉利朋子（商品）
ヘアメイク　土岐いつか（P86-95）
イラスト　アオタケ エリコ（P20-21）、HOHOEMI（P32）
インタビュー&文　関川直子（P67、80-85）
撮影協力　びわ湖バレイ、皇子山総合運動公園、大津市立真野小学校、小皿料理のイタリアンバル COZARA、肉処 牛慎、大海
校正　株式会社 聚珍社
取材・編集　株式会社ナックス
矢野圭祐、古田千恵美、三戸由美子、門川亜矢、隈元志穂、石沢葵、小森美桜、鹿島宝
組版　朝日メディアインターナショナル株式会社
企画　林 良祐
編集　木川禄大